Wilhelm Bölsche

Der Hirsch und seine Geschichte

Salzwasser

Wilhelm Bölsche

Der Hirsch und seine Geschichte

1. Auflage | ISBN: 978-3-84609-587-4

Erscheinungsort: Paderborn, Deutschland

Erscheinungsjahr: 2014

Salzwasser Verlag GmbH, Paderborn.

Nachdruck des Originals von 1911.

Wilhelm Bölsche

Der Hirsch und seine Geschichte

Salzwasser

DER HIRSCH

Tierbuch

Eine volkstümliche Naturgeschichte

von

Wilhelm Bölsche

Dritter Band

Der Hirsch und seine Geschichte

Berlin
Georg Bondi
1911

Der Hirsch

und seine Geschichte

von

Wilhelm Bölsche

Berlin
Georg Bondi
1911

Vorwort

Die einfachen Grundgedanken einer natürlichen Entwickelung
aller Lebensformen bis zum Menschen herauf gehen heute in den
festen Besitz unserer Kultur über. So sehr manchem davor bangen
mag, so heftig von diesem oder jenem vereinzelt noch dagegen an=
gekämpft wird: an der Tatsache, daß unsere Kultur sich mit diesem
Gedanken einrichten muß und auch ganz in der Stille überall längst
einrichtet, kann nicht mehr gerüttelt werden. Auch hier findet eine
schlichte Anpassung vor dem Zwang der Realität statt. Daß unser
Kulturbesitz auch an seinen idealsten Stellen darunter leide, kann ich
nicht einsehen. Meines Erachtens handelt es sich bei besonnener Auf=
fassung der Dinge, die grade unsere Idealwerte am energischsten nach
wie vor versicht, lediglich um eine Bereicherung. Neue Denkmöglich=
keiten sind damit gegeben, die zu einer Vertiefung unserer Welt=
deutung führen müssen. Wer aber überhaupt schon durch seine
Bildung und Persönlichkeit heute zum Weltdenken und Weltdeuten
geweckt ist, dem kann nur nützen, was ihn tiefer macht. Nicht eine
Gefahr, sondern eine Probe unseres Idealismus muß es werden, daß
er auch diese Situation verträgt, ohne in seinen lebendigen Wurzeln
(die nach meiner Ansicht niemals eine rein historische, uralte Ver=
gangenheitsfragen betreffende Tatsache bedrohen kann) wankend zu
werden.

Andererseits ist aber gewiß, daß diese heilsame Rolle des Ent=
wickelungsgedankens sich nur dann vollziehen kann, wenn er nicht
wieder als starres Dogma, dessen Wort den Inhalt ersetzen soll, in
die weiten Kreise eingeht. Wir müssen reif sein, auch diesen Ge=
danken selbst in seinem natürlichen Werden zu verstehen, — ihn in
der Beweglichkeit und eigenen jungen Lebensfrische selber zu erleben,
die er in der Forschung, der er entsprungen ist, heute so glücklich
besitzt. Die Kunde, daß auch der Mensch auf natürlichem Wege aus
der Reihe der Tiere hervorgegangen sei, darf nicht mehr wieder bloß
als leere geglaubte Autoritätssage zu uns kommen. Wenn sie uns

als modernen Menschen etwas nützen soll, so müssen wir sie uns in ihrem Material, ihrem Forschungsinhalt selber aneignen. Nur das kann uns vor Unterschätzung wie vor Überschätzung bewahren. Kann uns den Mut geben, dem Unbeugsamen dieser neuen Dinge in seiner Logik die Ehre zu geben, aller schwächlichen Zweifelsucht zum Trotz; kann uns aber auch die Kraft der Selbstbestimmung geben, die sich in ihrem Idealismus von nichts unterkriegen läßt und auch diese Dinge zuletzt wirklich nur als neues „Material" meistert.

Zu solcher Essenz der Entwickelungsforschung kann man aber auf sehr verschiedenen Wegen gelangen. Man braucht nicht immer gleich das verblüffende, manchem aber auch beängstigende Exempel der mutmaßlichen Menschwerdung selbst zu verfolgen. Ihm dienen ja heute Schriften die Fülle. Meist aber leiden grade diese Schriften daran, daß sie ein Exempel, in dem vieles vorerst nur Analogie sein kann, gleich als Hauptsache vortragen, anstatt den Laien zunächst darauf einzuschulen, an wie viel anderen, bereits mehr oder minder wirklich gesicherten Exempeln der eigentliche Mut und die eigentliche Überzeugungskraft des Entwickelungsgedankens bisher gewonnen worden sind, — so stark gewonnen worden sind, daß die Kühnsten sich in der Tat auch schon an jene bedeutsamste Analogie von Menschen nachträglich wagen konnten. Die Gefahr ist, daß man bei der letzten, subtilsten Anwendung daneben schlägt, weil man das Werkzeug an seinen ursprünglichen soliden Gebrauchsstellen nicht vorher genau kennen gelernt hat.

In der volkstümlichen Schrift „Das Pferd und seine Geschichte", die zugleich den zweiten (in sich unabhängigen) Teil meines umfassenderen „Tierbuchs" bildete, habe ich versucht, wirklich an einem solchen „niederen Exempel" die Wesenspunkte entwickelungsgeschichtlicher Forschungs= und Denkart dem Leser einmal nach Kräften darzulegen. Das Exempel selbst schien mir dabei noch lange kein unwertes. Beschäftigen sich doch Menschen genug mit dem Pferde, — warum sollten sie sich nicht gern auch einmal mit dem Problem seiner Entwickelungsgeschichte für ein paar Stunden befassen. Zumal wenn sich hier etwas gewinnen ließ, was nachher doch auch für die Nutzanwendung auf den Menschen entscheidend werden konnte. Das Beispiel vom Pferde war dabei, was Stoff anbelangt, ein außergewöhnlich begünstigtes. Der Stammbaum der Pferde ist schon in der heutigen jungen Entwickelungsforschung so glänzend und glücklich festgelegt, daß man die Methode nicht leicht an runderem Resultat vorreiten kann.

Ich lasse in einem neuen Bande jetzt die Geschichte des Hirschs folgen. Wenn ich von dem andern Buche wünschte, es möchte von Sportleuten und Pferdefreunden gelesen werden, so von diesem, es käme in recht weitem Maße in die Hand des Jägers. Dabei möchte ich aber auf eins vorweg diesmal aufmerksam machen.

Auch dieses Buch soll hauptsächlich an dem scharfen Einzelbeispiel eines für viele doch wahrlich nicht unwichtigen und unlieben Tieres unserer Heimat demonstrieren, wie unter Umständen heute entwicke= lungsgeschichtliche Zusammenhänge zu Denkmöglichkeiten und Wahr= scheinlichkeiten werden können, derart, daß der ehrliche Forscher zu= letzt nicht anders kann, als etwas nach dieser Denkrichtung hin zugeben. Bis zu einem gewissen Grade ist dafür auch die Geschichte des Hirschs ein sehr glatter Fall. Ein großer Teil ihrer Grund= linien ist gegenwärtig ebenfalls schon überaus durchsichtig und gibt in den wesentlich anerkannten Resultaten ein ebenso klares wie solides Bild. Es betrifft das hauptsächlich den historischen Aufbau des Stammbaums von den Ur=Huftieren (wo Hirsch und Pferd noch zu= sammenkommen) über Formen fort, die den Nilpferden und Schweinen nahestehen, dann an den Zwergmoschustieren vorbei zu den höheren echten Wiederkäuern und dort zu den Giraffen und Hirschen einer= seits, den Hornträgern andererseits. Mag die täglich wachsende Fülle urweltlicher Formen auch hier in der Folge noch manches geben, das Bild noch runder zu machen, — im großen und ganzen ist doch schon ungefähr ebenso sicherer Boden wie beim Pferde. Dazu tritt aber diesmal noch ein anderes Problem für sich: nämlich die spezielle Entwickelungsgeschichte der höchst absonderlichen, schlechtweg einzig= artigen Historie vom Geweih und Geweihwechsel des Hirschs. Gar kein Zweifel, daß hier das Interessanteste am ganzen Hirsch steckt, und ich habe das Buch in Wahrheit so sehr darauf gebaut, daß es beinah im Titel heißen könnte: das Hirschgeweih und seine Geschichte. Aber dafür hebt auch hier ein Problem an, das vorläufig zu den aller= schwierigsten und allerumstrittensten der gesamten Entwickelungs= forschung gehört. Gesetze spielen hier offensichtlich hinein, die noch wenig erforscht sind. Da die Frage in die Wunder des „Liebes= lebens" führt, tauchen alle Schwierigkeiten dieses ebenso verführerisch interessanten wie sirenenhaft gefährlichen Denkgebiets auf. Nicht das „Daß", sondern das „Wie" von Erwerbungen gewisser Merkmale im Tierbereich (die von je viel schwierigere Frage im Lande Darwins) rückt in den Mittelpunkt. Kurz: alles häuft sich an Gefahren. Da=

mit es nun grade aufzunehmen, hat ja wieder seinen Reiz. Aber
der Leser soll achten, wo er geht. Er soll mit denken. Findet er
gelegentlich aus der, wie ich hoffe, wenigstens genügend aufgezeigten
Logik eine andere Denkmöglichkeit, so mag grade das ihm das beste
Ergebnis sein. Es gibt da vieles, wo Phantasie jedes einzelnen, wenn
sie bloß etwas bei der Stange bleibt, zweifellos noch mit Glück helfen
und bessern kann im Nacherfinden der alten Naturerfindung, die zur
Diskussion steht. Eine besondere Schwierigkeit liegt aber noch in
der Unsicherheit, die auch über scheinbar einfachstes „lebendes" Tat=
sachenmaterial bis zur Stunde herrscht. Vom Schrei des liebenden
Hirschs und seinem Sinn bis zum Rhythmus der Geweihergänzung
mit den Jahren, vom Detail jeder einzelnen Geweihbildung bis etwa
zu der Frage, was die Stange eigentlich für eine Sorte Knochen sei,
ziehen sich die widersprechenden Meinungen noch durch die ganzen
Grundzüge des einfachen heutigen Hergangs selber. Jeder Jagd=
kenner hat sich da wohl persönlich seine Meinung gebildet und denkt
wohl auch, hier könne doch nichts mehr zu fragen sein. Wer aber
als objektiver Darsteller nun sucht, was „man" darüber denkt, was
auch nur die Mehrzahl darüber annimmt, der sieht sich mitten in
lauter Zweifel und vielköpfigem Streit. Weder die Beobachtung des
lebenden Tiers noch der anatomische Befund geben sich eindeutig;
geschweige, wo schon Spekulation oder Tierpsychologie beginnt. Auch
in diesem Sinne wird also die Einzelmeinung viel Raum beanspruchen
dürfen in der Kritik des Lesers, — von der speziell beliebten Tat=
sachenlesart hängt aber wiederum dann auch im Historischen manches
ab, obwohl man merken wird, daß ich mir Mühe gegeben habe, in
dem gewählten historischen Erklärungswege für mancherlei verschiedene
Tatsachendeutungen Raum zu lassen. Auf jeden Fall sollte aber auf
den Sachverhalt ehrlich hingewiesen sein. Wer beim Erörtern ge=
wisser Gesetzmäßigkeiten (z. B. des von mir individuell stark heran=
gezogenen „Ornamentalprinzips") Bedürfnis fühlt, sich speziell über
meine Privatansichten auf dem Gebiet näher zu unterrichten, dem
empfehle ich die kürzlich erschienene, stark erweiterte Neubearbeitung
meines „Liebeslebens in der Natur", wo er außerdem auch noch eine
Masse einschlägigen Tatsachenmaterials findet. Der Umfang jenes
Werks verbot, auch das Liebesleben des Hirschs noch eingehend zu
erörtern, und in diesem Sinne darf das vorliegende Buch geradezu
als ein dort fortgelassenes Kapitel gelten.

Für die Leser, die den Einzelbänden meines „Tierbuchs" als

einem fortlaufenden Ganzen folgen, bemerke ich noch), daß der nächste (vierte) Band insofern noch einmal auf den Hirsch zurückgreifen wird, als er im Anschluß an die Antilopen und ihre engeren Verwandten dort die geographische Verbreitung und Ausgestaltung der lebenden Hirsche noch in einem zusammenfassenden Bilde schildern wird. Im übrigen steht aber dieses Buch hier von der Geschichte des Hirschs für jeden, der es separat lesen will, genau so selbständig auf eigenen Füßen wie das voraufgehende von der Geschichte des Pferdes.

Mittel=Schreiberhau im Riesengebirge, im Sept. 1911

Wilhelm Bölsche

Inhaltsübersicht

Zu dem Titelbilde. Das Bild stellt den eigenartigen Milu oder Davidshirsch (Elaphurus davidianus) aus China dar, der sich gegenwärtig im Aussterben zu befinden scheint, — in Originalzeichnung von Heinrich Harder nach dem Leben. Das Geweih ist an dem in Gefangenschaft gehaltenen Exemplare nicht ganz vollständig entwickelt, zeigt aber die charakteristische Sachlage, die sich einzig unter allen Hirschen nur bei dem Milu findet: daß hier die Augensprosse stärker ausgebildet und verästelt ist als die ganze eigentliche Stange. Die Umschlagszeichnung von Willy Planck verwertet den diluvialen Riesenhirsch als Motiv.

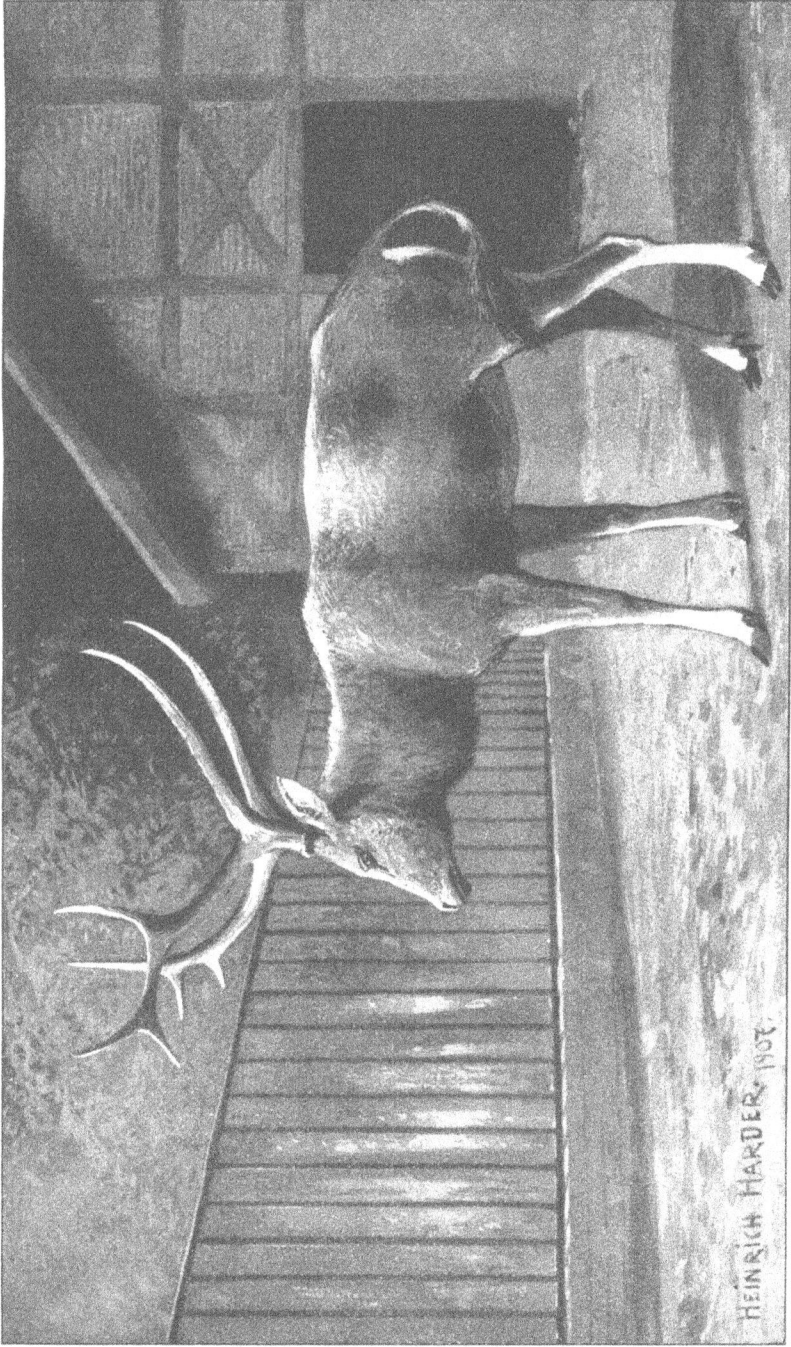

Der Mühu oder Davidshirsch

Durch das Brausen, Heulen und Klingeln des Berliner Straßenverkehrs kämpft sich in gewisser Gegend und zu gewisser Zeit ein seltsamer Laut. Wenige beachten ihn, aber wer ihn einmal bewußt vernommen, in gewissen Abständen immer wieder vernommen hat, dem ist er unvergeßlich. In das ungeheure Chaos der Geräusche von Autos, Elektrischen, Menschenstimmen, Kirchenglocken mischt sich der Schrei des liebenden Hirschs.

Er kommt aus den dunkelnden Geländen des Zoologischen Gartens. Während die Großstadtstraße nur immer heller zu funkeln beginnt, macht sich hier die Dämmerung eines feuchten Herbstabends geltend. Schemenhaft stapfen die riesigen Tiere hin und her, werfen den Kopf zurück, daß das Geweih gegen den Rücken sinkt ... und dann kommt der Schrei, laut genug, um über alle die nebeligen Buschgründe bis in die Welt des blauen elektrischen Scheins da drüben vorzudringen.

Aus alten Römertagen ist die Legende überliefert von der Armee, die flüchtete, weil aus nahem Forst plötzlich die gräßliche Stimme des Waldgotts laut aufschrie. Das Straßenleben der modernen Großstadt fürchtet keine Götter, in ihm geht auch dieser Ruf des Waldes mit anderem hin. Trotz all seiner urwüchsigen Kraft hat er fast etwas Klägliches darin, und mit einer leisen Rührung denkt man, wie hier die Kultur absolut dominiert und wie die alte Natur schon zur Rolle eines kleinen geduldeten Buschwinkels hinter vier Mauern herabgesunken ist. Man vergegenwärtigt sich im Gegensatz die grenzenlose heilige Stille eines echten großen Waldreviers zu dieser Stunde, etwa eine Staffage, wie sie sich bei der Neuen Schlesischen Baude im Riesengebirge an solchem Herbstabend bietet. Kein Laut sonst in all diesen endlos dahinflutenden schwarzen Wäldern. Dann aber jäh daraus anschwellend wie der Orgelton in einer nachtverhangenen Kirche dieser gleiche Schrei des liebenden Hirschs. König seiner Wälder ist hier dieser Hirsch, das letzte übrig gebliebene ganz imposante Waldtier der deutschen Erde. Wie der heischende Machtruf eines Königs schwillt sein Schrei über die Waldgründe.

Sie schreien verschiedenartig, die unterschiedlichen geweihtragenden Recken des Zoologischen Gartens. Der Gebirgswald mehrerer Erd= teile hallt darin zu uns herüber. Der amerikanische Riese, der Wapiti, quietscht mit so sonderbarer Fistelübertreibung, daß wohl schon mancher Passant der nahen Straße auf irgendeinen ganz besonders häßlichen Maschinenlaut dabei geraten hat. In der Reihe der Asiaten dämpft sich das dann immer harmonischer zu dem dumpfen und doch ebenso lauten Brüllen ab, das endlich den reinen Orgelton unseres Edelhirschs ergibt. Wie in so vielem, ist man aber dicht vor den Hirschgittern im Garten selbst den Dingen zu nah, um das eigentlich Wirksame des Klangs auch in dieser besten Leistung zu erfassen. Es gehört Raum, gehört große Naturperspektive mit ihrer Schallweite dazu. So in der Nähe bemerkt man zu stark die leise Komik, die darin liegt, daß in dem kolossalen Laut die Brüllstärke eines Löwen eigentlich erreicht wird durch äußerste Steigerung, Verlängerung und Modulation eines unwillkürlichen Naturlauts, den wir Menschen halb anstößig, halb komisch zu werten pflegen, nämlich des Aufstoßens. Genauer analisiert, hat der Liebesschrei des Hirschs nichts von der Affektfarbe und in gewissem Grade Intelligenzfarbe eines echten Raubtiergeheuls oder Affengekreischs. Er scheint nicht eigentlich auf einen Zweck zu gehen, wenigstens nicht unmittelbar. Er stößt zunächst wirklich bloß etwas herauf, das sich nicht mehr hemmen lassen will. Er ist das dröhnende Ausatmen einer Kraft, die das ganze Wesen zu zersprengen, zu er= sticken drohte. Menschlich verglichen hat er etwas von einem un= geheuren Seufzer, bloß daß ein höchstes überquellendes Kraftgefühl hier fast zum Schmerz wird. Gerade dieses impulsiv sich Entladende gibt ihm im freien Waldrevier aber auch wieder diesen Zauber, der ihn wirklich fast wie die in ihrer Nachtstille tief aufstöhnende Stimme der sonst sprachlosen Natur selber erscheinen läßt.

Es hat aber dieser über Berg und Tal erdröhnende Liebesseufzer auch vom Standpunkt gewöhnlichen tierischen Lebens aus sein überaus Eigenartiges. Ein sonst scheues Waldtier ruft die Inbrunst seiner Gattungsgefühle mit einer Aufdringlichkeit in alle Welt hinaus, daß die gemeine Nützlichkeitslinie weit überschritten scheint. Das Liebesleben ist in der oberen Tierwelt ja durchweg ein Sturm. Aber ganz besonders scheint man hier vor einem Geschöpf zu stehen, das dieser Sturm

wie ein Orkan durchschüttert. Tiere mit auffällig gesteigertem Liebes=
leben sind aber immer besonders interessant. Sie pflegen tiefer und
reicher als andere zu sein, stehen im Bannkreis besonderer Luxus=
produktionen der Natur, halten rege durch Rätsel.

Der Hirsch ist in seinen gangbarsten heimischen Gestalten ja
schon aus anderen Gründen bei uns berühmt genug. Von den
Kolossen unserer heimischen Tierwelt, die dem Menschen in alten Tagen
entgegentraten, hat er das einzigartige Schicksal gehabt, in den eigent=
lichen Kulturländern aus einem Jagdtier kein Schlachttier und Zügel=
tier der Kultur zu werden und sich doch bis heute zu halten. Fast
die ganze Leidenschaft und Poesie der hohen Jagd ist allmählich bei
uns rein auf ihn zusammengedrängt worden. So viel die Menschheit
auch ihm zugesetzt hat, so viel auch sie gelegentlich durch ihn erfahren
hat: immer hat ihr Auge mit einer unerschütterlichen Bewunderung
an ihm gehangen. Ein Buch vom Hirsch bedeutet dem Stoff nach
schon eine Art von romantischem Buch. Unerschöpflich ist das Thema
Hirsch und Mensch. Nur ganz wenige Tiere stehen so in unserer
Seele und kein zweites mindestens neben dem Pferde so imposant.
Und erst im Gedränge der Tierwelt im Zoologischen Garten oder
Museum scheint sich das etwas zu verlieren. Hier ist so unendlich
viel rein zoologisch Wunderbares gehäuft, daß der Sieg in der Kon=
kurrenz schwer wird. Der Elefant, der Tiger, die Giraffe, der Seelöwe,
der menschenähnliche Affe scheinen doch weit darüber hinauszuragen im
Interesse. Man kann beobachten, wie eine Menge Besucher des Zoo=
logischen Gartens, die nicht gerade Jäger sind, am Hirsch wirklich rasch
vorbeigehen, als komme er in dieser Gesellschaft nicht mehr so in Be=
tracht, und der Leitung könnte das oft geradezu die Lust am Ausbau
der Hirschsammlung verleiden. In Wahrheit bedarf es nur einer geringen
näheren Aufmerksamkeit und Belehrung, um klarzustellen, daß auch
in dieser Konkurrenz der Hirsch tatsächlich eines der allermerkwürdigsten
oberen Säugetiere ist und bleibt, angetan in jedem Betracht, uns auch
jenseits aller Jagdleidenschaft und Jagdpoesie das Beste und Entscheidendste
zu gewähren, was Naturobjekte uns Geistespionieren geben können:
nämlich Probleme von einer Schwierigkeit, daß unser raffiniertestes
Denken heute noch beinahe davor erlahmt.

Man kann nicht vom schreienden männlichen Liebeshirsch reden,
ohne an das Geweih dieses Hirsch zu denken. Augenblicklich aber
packt uns damit auch ein zoologisches Rätsel allerersten Grades, so
verwickelt, wie es kaum im ganzen Säugetierbereich noch einmal

ähnlich vorkommt. Von der einfachen Existenz des Geweihs wissen wir alle; es bedeutet für den schlichten Besucher des Zoologischen Gartens das Charakteristikum des Hirschs, wie ihm der Rüssel den Elefanten, der lange Hals die Giraffe, der Buckel das Kamel macht. Ein in den Verhältnissen unbedingt schönes Tier, wie unser Rothirsch oder Edelhirsch für uns ist, bildet die Krone dieses ornamental verzweigte Geweih, in dem uns unverkennbar eine jener „Kunstformen der Natur" entgegentritt, in denen ein reines Naturgebilde sich mit gewissen ästhetischen Empfindungen der rhythmischen Wohlgefälligkeit in uns begegnet. Wo wir das Bild des Hirschs verwerten, sei es als Wappen, sei es nur als einfachstes Apothekenschild: immer steht dieses Ornament des möglichst vielverzweigten, möglichst regelmäßig und doch reich gegliederten Geweihs obenan. Einzeln, abgelöst von seinem Träger, wie wir es als Trophäe, als Zierat bewahren, markiert es den ganzen Hirsch wie das Zepter den König.

Gleichwohl ist der Laie auch vor solcher „Naturschönheit" durchweg zunächst für Nützlichkeitsbetrachtungen zu haben. Im Zoologischen Garten kann man immer wieder die Frage hören, wozu die schwarzweiße Streifung dem Zebra diene, wozu der prachtvolle Schweif dem Pfau? Mit Befriedigung wird der Nutzen des Giraffenhalses beim Abweiden hoher Baumkronen, des Elefantenrüssels beim Greifen hingenommen. So erscheint auch vor dem ornamental schönen Hirschgeweih plausibel, daß es im praktischen Leben einfach eine Verteidigungswaffe bilde. Man hört, daß die verliebten Hirsche damit auf Tod und Leben kämpfen. Ein energischer Stoß gegen das Gitter, dem der Besucher zu nahe kommt, belehrt auch deutlich genug, was ein Angriff mit diesem „Ornament" unter Umständen bedeuten könnte. Daraufhin läßt man selbst das aufdringliche Gebrüll hingehen: wer solche Wehr besitzt, der mag sich ruhig melden, so laut er will, er wird nachher schon seinen Mann stehen; wenigstens könnte das für eine Natur außerhalb menschlicher Schießgewehre gelten.

Indessen wir müssen vom Hirschgeweih tatsächlich noch etwas ganz anderes und Überraschendes lernen. Nicht nur daß seine „Waffe" mit einer einzigen Ausnahme allen Hirschweibchen fehlt und daß eine nahe liegende Erwägung zeigt, daß eigentlich gerade das Ornamentale daran, das, was uns so gefällt, zum praktischen Stoßzweck größtenteils Ballast oder besten Falles belanglose Zutat ist; ein paar einfache kurze, aber solide Spieße täten's ebensogut, ja besser. Viel wichtiger ist die Tatsache, daß dieses ganze Geweih alljährlich einmal abgeworfen wird und von dem so lange hilflosen, ja positiv noch über den Verlust hinaus geschädigten Hirsch erst unter großer orga= nischer Körperleistung vollständig neu ersetzt werden muß. Erst mit den Stationen dieses ewigen Neuersatzes erhält das Geweih allmählich seine volle Kraft, falls sie überhaupt erreicht wird, seine ganze orna= mentale Pracht. Selbst auf der Höhe dieser Pracht aber muß es immer noch so gewechselt werden, mit allen Mißlichkeiten, allem Risiko des Verlustes.

Die meisten Besucher des Zoologischen Gartens sind Städter, die den lebenden Hirsch also hier zum erstenmal kennen lernen. Wer nicht professionierter Jäger ist, hat auch als Sommerfrischler oder selbst dauernder Landbewohner heute kaum Gelegenheit, seine intimeren Gewohnheiten und Abenteuer im Freien genauer zu verfolgen. Die Geschichte des Geweihabwerfens muß also den meisten von uns einmal wirklich als Neuheit erzählt werden. Vielen Besuchern unserer Tier= gärten ist sie noch keineswegs geläufig, wie ich oft beobachtet habe: sie bedauern den Hirsch, der frisch abgeworfen hat, als armes Opfer eines zufälligen Unglücks. Ich meine aber, es könnte, wenn man dann die Wahrheit erzählt, nicht leicht im ganzen Zoologischen Garten etwas geben, was verblüffender, was unwahrscheinlicher wirken müßte. Als Knabe habe ich davor wie vor einem Zaubermärchen gestanden.

Wenn ein solcher ausgewachsener Kapitalhirsch mit den Stangen gegen das dröhnende Gitter arbeitet, scheint auf der Welt nichts solider, als der Zusammenhang zwischen seinen Geweihknochen und dem harten Schädel. Tatsächlich brechen sie bei wirklichen Gewalt= zufällen an jedem anderen Punkte leichter ab als gerade in der Anschluß= stelle an die Schädelzapfen. Es sei etwa jetzt Herbst. Im vorigen Jahr um diese Zeit haben wir den Garten besucht, und dieser Prachtkerl stand schon ganz im gleichen Flor seines Geweihs. Trotz seiner gelegentlichen gründlichen Rempelei gegen das Gitter haben damals alle Zinken des Hauptschmucks stand gehalten, wie sie es heute tun. Wer könnte ahnen, was sich zwischen damals und jetzt tatsächlich mit dem Geweih zugetragen hat! Vor knapp Halbjahresfrist, im Frühjahr, ist etwas über jenes vorigjährige Geweih gekommen wie eine geheime zehrende Krankheit. An einer bestimmt markierten Stelle, da, wo jederseits die Geweihstange verdickt aus dem warmen Kopffell tritt, um in ihrer weiteren Entfaltung dann als nackte Knochenfigur zu ragen, hat ganz selbsttätig eine innere Auflösung, Zerklüftung, Lockerung der soliden Knochensubstanz stattgefunden. Ihr überraschendes End=

ergebnis war, daß eines Tages jederseits das ganze nackte Stück Geweih
plötzlich herunterfiel. Zurück blieb am Schädel bloß das kurze
Stückchen noch vom Fell umwachsenen Knochenvorsprungs unterhalb
der Zerstörungsstelle, ein wahrhaft klägliches Rudimentchen der stolzen
Pracht. Und alsbald begann auch über der Abstoßungswunde noch
die Haut zusammenzuwachsen, ganz so, als solle es nun für immer
mit dem eigentlichen Geweih zu Ende sein. Indessen: noch war die
Wunde nicht vollkommen geschlossen, da regte sich von unten, von
dem kargen Stummel her, ebenso geheimnisvoll selbsttätig ein entgegen=
gesetzter Werdeprozeß; statt zerstörender Krankheit jetzt eine Neubildung.
Schau, wie eine Knospe drängt es sich empor aus dem alten Wurzel=
boden, ein dicker Kolben wird sichtbar, innen erneut später von er=
härtendem Knochengewebe gefestigt, das über die Stummelzapfen fort
sich direkt wieder aus der lebendigen Körpersubstanz herauszu=
spinnen scheint, außen aber zunächst auch wachsend und sich längend
noch vollkommen in eine weiche Haut mit sammetartigem Wollhaar
knospenhaft eingeschlossen. Der Kolben verzweigt sich, reckt sich weiter
und weiter, treibt abermals da, dort eine Zacke: kurz, nach nicht allzu
langer Frist ragt in vollkommener Größe von neuem die ganze frühere
Geweihstange jederseits in die Lüfte. Und von Stund' an, daß sie
ragt, trocknet auf ihr auch die zunächst mit heraufgenommene Haut
wieder ein, rasch nachhelfend scheuert der Hirsch selber die juckenden
Reste an Waldstämmen und Ästen herunter, der allenthalben vor=
tretende nackte Knochen bräunt sich: und vorhanden ist alles wieder
wie früher, als läge nichts von all dem Spuk dazwischen.

So ging es im letzten Jahr, so geht es schon lange bei diesem
stolzen Recken. Immer im Frühjahr gleichsam einmal Bankerott
und immer wieder im normalen Falle glänzende, vollkommene Resti=
tution. Natürlich muß die seltsame Geschichte einmal angefangen
haben, indem dem sehr jungen Herrn ein erstes Geweih wuchs, das
ganz neu war, also noch nicht Ersatz für ein abgeworfenes bildete.
Dieses erste Geweih war aber — eine Komplizierung der Sache
mehr — damals noch nicht das prachtvolle, das gegenwärtig Jahr
um Jahr zerstört wird und wiederaufersteht. Nachdem sich bei dem
Hirschkinde zunächst jene hautumwachsenen Stummel als Auswüchse
des Schädels gebildet hatten, die auch jetzt noch bei jedem Wechsel
bestehen bleiben, also eine Art winzigen Dauergehörns darstellen
(„Rosenstöcke“ nennt sie der Jäger), wuchs dem jungen Hirsch (eventuell
noch im ersten Lebensjahr) darüber hinaus ein Pärchen zierlicher

einfacher Spieße als erstes „Geweih" vor. Noch fehlte allerdings jede
Spur der ornamentalen Sprossen daran, die wir heute als Haupt=
schmuck bewundern. Zu einem ersten Termin fielen dann auch diese
Spieße wieder ab. Indem das Geweih sich aber zum erstenmal ersetzte,
ersetzte es in normalem Verlauf diesmal nicht bloß wieder den schlichten
Spieß, sondern es lieferte je eine neue Stange mit einer schon mehr
oder minder stark einsetzenden Verzweigung. Nach Fall dieses ersten
Sprossengeweihs folgte nächstjährig dann abermals ein in den Sprossen
gesteigertes und so fort, bis der heute wiederkehrende Prachtstand er=
reicht war. Im einzelnen ist der Verlauf dieser Steigerung, die sich
mit dem Wachsen des Hirschs in die einfache Kette der Wiederholungen
schiebt, ja nicht so regelmäßig, wie man früher wohl geglaubt hat.
Im individuellen Falle kann es geschehen, daß die Kette zunächst
lahmt, indem auch der Spieß noch einmal ohne Sprosse wiederholt
wird, oder sie kann sich übereilig abwickeln, indem normale Steigerungs=
stufen der Sprossenvermehrung gleich überschlagen werden. Immer
aber bleibt irgend eine Steigerungsform als die wenigstens gesunde
und häufigste Grundlinie.

Es erscheint ersichtlich also eine Beziehung zwischen dem Alter
und Wachstum des Hirschs und der ornamentalen Ausgestaltung seiner
Geweihschönheit. Aber diese Beziehung erschöpft und klärt an sich
noch nicht das Wunder des Geweihwechsels selbst. Daß das Geweih
erst mit den Jahren auf seine volle Größe heraufwächst, erscheint fast
selbstverständlich, erleben wir es doch alle Tage bei anderen Knochen=
teilen des Skeletts, auch bei uns selber. Aber ein Kinderbein wächst
zum Jünglingsbein aus ohne das Intermezzo eines Abwerfens und
Neubildens. Rätselhaft bleibt also, warum nicht auch das Geweih
einfach am gleichen Stück mit jedem Jahr sein Ende weiterwächst,
allmählich dabei Sprossen bildet und sich biegt, ohne daß die wunder=
liche Naturverschwendung des jedesmal kreuzenden vollkommen Ganz=
verlustes und Ganzersatzes nötig würde. Andererseits ist sicher, daß
in dem Hergang auch irgend eine Liebesbeziehung stecken muß. Die
verliebten Hirsche balgen sich mit diesem Geweih. Es ist jedesmal
prompt da zur Liebeszeit. Wenn die Brunststimmung abfällt, beginnt
auch bei ihm der Verfall. Mehr noch: eine Verletzung des Geschlechts=
organs stört das ganze Neuaufsetzen oder verkrüppelt das Ersatzgeweih.
Bei den Rehböcken kennt jeder Jäger das sogenannte Perückengehörn:
einem Bock, der am Samenapparat, am „Kurzwildbret", wie die
Weidmannssprache sagt, angeschossen oder sonst beschädigt ist, rinnt

Geweihmasse wie ein schwammiger Teig, der unter Haut bleibt und nicht mehr abgeworfen wird, tief über den Kopf herab. Aber auch dieser Bezug gibt nur wieder eine Richtung und löst nicht selber das Geheimnis.

Mit was für einem wunderbaren zoologischen Fall, einzig in seiner Art und unerwartet, man es zu tun hat, erhellt am besten schon daraus, wie viel Zeit es gebraucht hat und wie mühsam die Arbeit gewesen ist, bis auch nur der ungefähre Umriß der objektiven Tatsachen dabei wissenschaftlich feststand, — obwohl es sich doch um unser seit alters beliebtestes Jagdtier handelte. Noch jetzt besteht über Einzelheiten Streit und Unsicherheit. Das Erklärungsbedürfnis aber hatte lange, wie überall in der Tierkunde, nur das Wunder. Eine schaffende Macht hatte gerade diesem Tier diesen paradoxen Weg gewiesen! Das gab nicht viel mehr, als wenn man sagt, eine Sache ist so, weil sie ist. Endlich sind wir auch hier heute so weit, eine ernstere Art der Fragestellung zu wagen. Wir suchen natürliche Zusammenhänge der Geschichte, suchen die Dinge aus Stufen ihrer eigenen Entwickelung zu verstehen. Wenn eine Enträtselung dieser und anderer Geheimnisse auch beim Hirsch schon heute möglich sein soll, so kann sie uns jedenfalls nur seine Geschichte geben. Wie interessant verspricht aber allgemein die Geschichte eines Tieres zu werden, das so der Rätsel voll ist.

Vor dieser Geschichte sind nun wieder die Jahrtausende, in denen der Hirsch jetzt unser Jagdtier ist, nur eine Bagatelle. Als unsere Kulturvorfahren noch Magdalenier der älteren Steinzeit im Vézère-tal in der Dordogne und am Keßlerloch bei Thayngen im Kanton Schaffhausen waren, also noch in der geologischen Epoche der Diluvial=zeit, haben sie bereits gewohnheitsmäßig auf Hirsche gepirscht. Zu ihren Mußestunden haben sie sich aber auch die liebenswürdige Mühe geleistet, ihr Wild abzubilden, und solche Bilder sind erhalten geblieben. In Hirschgeweih selber wohl erkennbar eingeritzt, besitzen wir von jenen Thaynger Jägern noch den Umriß eines damals dort häufigen Polarhirschs, des Renntiers. Auf der niedrigen Decke der berühmten Höhle von Altamira in Nordspanien sehen wir von solcher prähistorischen Hand die wunderbar flott gezeichnete Umrißskizze eines brüllenden Rothirschs. Wie weit diese Bilder relativ schon zurückliegen, zeigt, daß neben diesem Altamirahirsch als anderes zeitgenössisches Jagdwild wohl getroffene amerikanische Präriebüffel figurieren, die damals Spanien belebten, und die Zeichner im Vézèretal porträtierten sogar neben ihren Renntieren noch das lebendige Mammut. Und doch sind diese Hirsche immer noch die Hirsche von heute. Ganz deutlich er= kennen wir, daß das Rätsel des Hirsches sich nicht wesentlich mehr geändert hat zwischen damals und heute. Damals schon fiel und er= neuerte sich sein Geweih nach dem heute üblichen Rhythmus. Damals schon bestand ein so hoch kompliziertes Geweih wie eben das des erwachsenen Rothirschs oder Renntiers. Vor mir, während ich diese Zeilen schreibe, liegt aber die offenbar schon zu Lebzeiten abgeworfene Stange eines Hirschs, die in der gleichen Fundschicht auf Java gefunden worden ist, aus der die Skelettfragmente des vielumstrittenen Affenmenschen Pithekanthropus stammen, von der Wende also der Tertiärzeit. Im schönen Stuttgarter Museum bewahrt man alle individuellen Übergangsstadien vom blutjungen Spießer bis zum Kapitalbock eines vorweltlichen niederen Hirschs, der es allerdings nicht zu einem sehr entwickeltem Geweih brachte, aber bereits in der mittleren Tertiärzeit (Miozän) bei Steinheim in Schwaben zahlreich lebte; auch krankhaft verbildete Stangen kommen hier schon vor. Aber aus dem letzten Abschnitt eben dieser Tertiärzeit besitzt man auch den Schädel eines stattlichen Hirschs der oberen Reihe, gefunden im Arnotal, der wohlerhalten das am meisten vergabelte Geweih trägt, das überhaupt je von irgend einer lebenden oder toten Hirschart bekannt geworden ist. Wir müssen also auch hier offenbar sehr weit zurück, wenn wir zur eigentlich grundlegenden Entwickelungsgeschichte des Hirschs kommen wollen, — zu dem Teil, der sozusagen noch hinter seinem Geweih liegt.

Zu dem Zweck ist aber vor allen Dingen wieder nötig, daß wir einen prüfenden Blick auf seinen gesammten Körperbau werfen.

Was ist der Hirsch eigentlich für ein Tier? Mit was für einem Tier in der übrigen Reihe kann man ihn vergleichen, das etwa drei= viertel oder halb oder viertel noch seines gleichen wäre? In unserm Wald ist das offenbar nicht leicht. Rothirsch und Reh gehören zu= sammen, das sind beides echte Hirsche. Aber wo weiter? Es scheint eine absolute Lücke rings um sie her gegen alle anderen deutschen Wald= tiere zu klaffen. Und doch haben sie in Wahrheit einen Fleck am eigenen Leibe, wo auch der oberflächlichste zoologische Blick ein= haken muß.

In den Naturforscher von heute sind bekanntlich alle alten Zauberer eingegangen: der Astrolog in den Astronomen, der Alchimist in den Chemiker. Und so ist der Magier, der aus der Hand das

Schicksal las, heute Anatom geworden. Wie in einer aufgeschlagenen
Chronik liest der Forscher auch in der „Hand" des Hirschs. Da der
Hirsch auf allen vier Gliedmaßen läuft, ist diese Hand allerdings dem
Gebrauch und entsprechenden Gebrauchsbau nach bei ihm eigentlich
ein Fuß, und für die Betrachtung ist es bei der Gleichartigkeit der
Maschinenteile in den vier „Füßen" meist einerlei, ob wir einen
Vorderfuß oder Hinterfuß, die „Hirschhand" oder den echten „Hirsch-
fuß" nehmen. Schlicht und eindeutig aber ist in jedem Fall die
Lehre.

Der erste Blick zeigt auch hier den Huf, der uns das echte
Lauftier verrät, bei dem sich die Zehenspitze nicht mit einer Kralle,
einem Nagel begnügte, sondern in einen derben Schuh schloß. Wir
stehen vor einem Huftier, wie ganz allgemein gesprochen auch das
Pferd eines ist. Der zweite Blick lehrt dann, daß auch bei diesem
Huftier Hirsch ein großer Teil jener Dinge eingetreten ist, die für
die Gliedmaßen des Pferdes so bedeutsam geworden sind im Gegensatz etwa zu unsern menschlichen und zwar alle bedeutsam dort geworden sind als konsequente Anpassungen eines gewandten Läufers
auf diesen Hufen. Beim Menschen haben wir Oberarm und Unterarm, dann im geschlossenen Fleischteil der Hand die Handwurzel und
die einzelnen Knochenstrahlen der Mittelhand, endlich fünf freie
Finger. Im Hirsch ist genau wie im Pferde der Oberarmknochen
bis in den Rumpf hinein emporgedrängt, der Unterarm entspricht im
äußeren Anblick unserm Oberarm, in das scheinbare Ellenbogengelenk
faßt bereits die Handwurzel, dann aber folgt noch als langer einheit-
licher Teil, der durchaus unserm Unterarm gleicht, die aus einem
einzigen festen Knochen (dem sogenannten Kanonenbein) gebildete
Mittelhand, steil aufgereckt beim Tragen des Vorderkörpers und steil
über die Fingerhand gestellt. Hinten im Hinterfuß oder echten Fuß
balanciert und verschiebt sich die Sache entsprechend ebenso. In
ganzer Kraft ist eben auch beim Hirsch eingetreten, was beim Pferde
die „Verarmung" der Mittelhand, die „Verbeinung" des Mittelfußes
genannt worden ist und hier wie dort im Skelett den Eindruck weckt,
als bestände Arm wie Bein oberhalb Hand und Fuß aus drei einander
folgenden Hauptteilen, statt wie bei uns nur aus zwei. Und auch
darin entspricht der Hirsch dem Pferde, daß das Fingerstück der Hand,
das Zehenstück des Fußes selber noch wieder steil unter diesem Steil-
bau aufgestelzt sind, so daß nur ihre letzten Spitzen, eben die, um
die sich schützend der Huf legt, wirklich den Boden berühren. (Gleich)

einer Ballerina trippeln Hirsch wie Pferd unabänderlich nur auf den Zehenspitzen.

Hier aber faßt jetzt der dritte Blick doch auch einen grellen Unterschied des Hirschs vom Pferde. Wir Menschen, ob wir uns nun auf die Zehenspitzen recken oder platt laufen, die Hand steil stellen oder flach hinlegen: allemale haben wir unsere fünf Zehen, fünf Finger an jedem Fuß, jeder Hand. Das Pferd besitzt dagegen nur noch einen einzigen Finger an jedem Vorderfuß, eine einzige Zehe an jedem Hinterfuß. In seiner Steilheit balanciert es sich auf dieser einzigen letzten Stütze hinten wie vorne allein, und bloß diese einzige Stützenspitze aller vier Gliedmaßen umschließt je ein einziger höchst derber, klumpenhafter Huf, der allbekannte charakteristische Pferdehuf. Und zwar ist aus mancherlei guten Indizien erkennbar, daß es jedesmal vorne der Mittelfinger (also nach unserer Menschenhand gerechnet von links wie rechts gezählt der dritte der Fingerreihe) und entsprechend hinten die Mittelzehe ist, die solchermaßen einhufig den ganzen schweren Pferdekörper tragen müssen. Heruntergefallen sozusagen sind an der „Hand", dem Vorderfuß des Pferdes der Daumen und der Zeigefinger, der Ringfinger und der kleine Finger und am Hinterfuß die entsprechenden Zehen. Nun aber beim Hirsch setzen Hand sowohl als Fuß, wie ein flüchtigster Blick weist, noch mit zwei Spitzen, also zwei Stützen, zwei Fingern oder Zehen auf. Jede dieser Spitzen ist gleich lang, gleich stark und jede trägt entsprechend ihren eigenen spitzeren und zierlicheren Hirschhuf. Ein ausgesprochener Zweihufer steht vor uns statt eines Einhufers. Und zwar ist es diesmal beim Hirsch ebenso offensichtlich je der dritte und vierte Finger, die dritte und vierte Zehe vom Daumen oder der großen Zehe her gerechnet, die erhalten sind, also an der Hand nach unserm Sprachgebrauch der Mittelfinger und der Ringfinger. Von diesem Fingerpaar und Zehenpaar wird vorne wie hinten jederseits die gesamte Körperschwere des Hirschs in brüderlicher Teilung getragen. Setzen wir unsere Menschenhand einmal steil auf und schlagen Daumen, Zeigefinger und kleinen Finger ein, so daß das Ganze auf den Spitzen von Mittelfinger und Ringfinger balanciert, so sind wir (die beiden Nägel noch zu Hufen umgedacht) Hirsch geworden, während wir erst Pferd würden, wenn wir auch noch den Ringfinger einschlügen. Es ist, nebenbei bemerkt, bei dem Experiment leicht zu sehen, daß unsere Menschenhand bereits trotz ihrer fünf noch vorhandenen Finger selber eine leise Tendenz mehr auf Pferd als auf Hirsch hat: ihr Mittelfinger ist

nämlich etwas länger als ihr Ringfinger und setzt sich einzeln auch
leichter auf. Beim Hirsch ist dagegen gerade charakteristisch, daß zwar
noch zwei Finger da sind, daß von diesen beiden aber nun auch
nicht der eine den andern irgendwie überholt, sondern beide einträchtig=
lich wie die Dioskuren nebeneinander stehen und miteinander auf
halb und halb tragen.

Dieser große Gegensatz, daß der Hirsch zweifingerig und zweizehig
läuft und das Pferd bloß einfingerig und einzehig, zeitigt aber not=
wendig eine weitere Konsequenz. An unserer Menschenhand gehört
zu jedem der fünf Finger je ein im Fleische der Mittelhand verborgener,
aber leicht durchzufühlender knöcherner Mittelhandstrahl, der als
Übergangsstrahl den Finger erst noch mit der eigentlichen Handwurzel
am Gelenk verbinden muß. Fünf Finger oder Zehen bei uns: also
auch fünf solcher Übergangsstrahlen. Hirsch wie Pferd haben dagegen
an dieser Stelle in allen vier Extremitäten nur mehr einen einzigen
Strahl, der, wie gesagt, bei beiden beinhaft vergrößert ist. Beim
Pferde versteht man das sofort: es ist ja auch nur noch eine Zehe
oder ein Finger da, folglich auch nur mehr ein ausgebildeter Mittel=
strahl. Mag er sich beliebig verdickt und gestreckt haben: es ist und
bleibt doch der alte Übergangsstrahl des einzig erhaltenen dritten
Fingers, der dritten Zehe. Beim Hirsch aber hat man noch zwei
Finger und Zehen in voller Kraft, und so erwartete man hier also
auch noch zwei Mittelstrahlen. Jenes vorhandene sogenannte „Kanonen=
bein“ bietet aber scheinbar auch beim Hirsch nur einen einzigen
Knochen. Etwas näher besehen, löst sich indessen auch so die Sache
streng logisch auf. Verschiedene äußere und innere Merkmale erweisen
nämlich, daß bei der besagten „Verbeinung“ dieses Kanonenbeins in
diesem Hirschfalle zwei Mittelstrahlen nachträglich in einen zusammen=
gewachsen sind, um oben einen möglichst einheitlichen Stützknochen zu
garantieren. Sowohl der Verbindungsstrahl des dritten wie der des
vierten Fingers (oder der entsprechenden Zehen hinten) stecken vollin=
haltlich in dem einen Kanonenbein des Hirschs.

Damit ist aber noch wieder etwas anderes gegeben. Wenn das
Pferd nur den einen verbeinten Mittelstrahl des Mittelfingers und
der Mittelzehe richtig entwickelt hat, so hat es doch unscheinbar an
ihn geschmiegt tatsächlich noch zwei kleine Überreste oder Ansätze auch
zweier benachbarter Strahlen erhalten. Die Finger oder Zehen zu
ihnen fehlen freilich ganz, und so handelt es sich um recht wunder=
liche Luxuszutaten beim heutigen Pferde. Griffelbeine nennt man

diese stiftförmigen Anhängsel. In dem Teile dieses Buches, der dem Pferde enger gewidmet ist, haben wir uns eingehend mit ihnen beschäftigt, und wir haben dort interessante geschichtliche Folgerungen aus ihnen zu ziehen versucht. Sie dienten uns nämlich als Anhaltspunkte für die Idee, daß die Vorfahren der heutigen Pferde zu irgend einer Zeit einmal noch mehr Hand= und Fußteile als das Pferd der Jetztzeit besessen hätten; allmählich erst wären in der Geschichte des Pferde= geschlechts diese andern Teile verkümmert, und die heutigen Griffel deuteten noch den letzten Überrest an; das ließ sich dann in der Tat auch durch Skelettfunde uralter, längst ausgestorbener Pferdeformen bestätigen. Auf alle Fälle muß eines aber rein anatomisch auch am heutigen Pferde schon sicher sein: da der voll entwickelte Hauptstrahl etwa der Pferdehand zu dem Mittelfinger rechnet, so müssen die jeder= seits angehängten kleinen Griffelspitzchen Strahlreste der beiden unmittel= baren Nachbarfinger, also des Zeigefingers und Ringfingers sein — Reste, zu denen allerdings heute keine Spur mehr des Fingers selbst da ist. Spuren solcher Griffelbeine hat nun auch der Hirsch. Sie sind bei ihm nur etwas unregelmäßiger entwickelt, bald deutlicher, bald verwischter. So haben viele Hirsche an ihrer Hand, dem Vorder= fuß, noch einen solchen jederseitigen Griffelrest oben in der Hand= wurzelnähe des Kanonenbeins, während andere ihn dort nur verwischt und verwachsen, unverkennbar dagegen erhalten am unteren Kanonen= beinende näher den Fingeranfängen zeigen. An den Hinterfüßen ist der untere Rest durchweg völlig fort. Aber wie immer die Spuren sich äußern mögen: eines ist unbedingt und stets anders bei ihnen als beim Pferde. Der Hirsch hat ja vollkommen erhalten noch den Mittelfinger und Ringfinger in seiner Hand samt ihren zum Kanonen= bein verwachsenen Strahlen. Wenn er also außerdem jetzt auch noch jederseits Griffelbeinspuren weisen soll, so können das bei ihm nur Teile der Strahlen zum Zeigefinger und zum kleinen Finger sein. Er hat also noch einen vierten Handrest mehr, verglichen mit unserer Fünferhand, als das im ganzen Inventar bereits auf drei Teile reduzierte Pferd.

Hierzu aber zeigt nun ein vierter Blick noch etwas schlechtweg Überraschendes. Die Griffelbeine des Pferdes sind, wie gesagt, normal eben dadurch charakterisiert, daß sie zu keinen wirklichen Fingern oder Zehen mehr überleiten — sie enden kahl im Nichts. Und nur in ganz abnormen Einzelfällen kommt es gelegentlich einmal vor, daß doch noch wie ein kleiner Klunker an einem solchen Griffel auch noch

ein verkrüppelter Finger mit kleinem Huf hängt. Beim Hirsch da=
gegen sind solche Klunkerfingerchen oder Klunkerzehchen immer und
an allen vier Füßen normal noch vorhanden. Allemale hängen sie
je zwei an der Zahl noch hinter den vollentwickelten beiden Haupt=
fingern oder Hauptzehen unter den Kanonenbeinen. Ihrer Lage nach
ist auch kein Zweifel, daß sie zu den Griffelresten dieser Kanonenbeine
noch die ursprüngliche richtige Fortsetzung bilden. An der Hirsch=
hand vertreten sie also, wenn auch in Miniaturgestalt, noch den
ganzen Zeigefinger und kleinen Finger, so daß schließlich bloß der
Daumen dort radikal fehlt. Und sie behaupten sich wunderbarer=
weise selbst dann hier, wenn, wie erwähnt, die Griffelreste gerade am
unteren Ende des Kanonenbeins selber total verschwunden sind.
Durchaus bewahren sie den Charakter echter Hufzehen, wenn auch
verkümmerter, verkürzter. Immerhin geschieht es gelegentlich, daß sie
gewohnheitsmäßig so tief herunterklunkern, daß sie mit den Spitzen
sogar eben noch mit an den Boden stoßen, wenn der Hirsch schreitet.
Man hat einen besonderen Namen für sie erfinden müssen, um ihre
Natur klar auszudrücken und doch auch dem wahren Sachverhalt
Rechnung zu tragen, daß sie eigentlich doch auch nur noch „Klunker“,
nur Anhängsel, nur eine Art Scheinfüßchen hinter dem echt aufsetzenden
Hauptfuß sind. Die „Afterklauen“ hat man sie also benannt.

Immerhin aber empfindet man vor ihrem Anblick eine gewisse
Neigung zu sagen, solcher Hirsch sei eigentlich im Gegensatz zum Ein=
finger und Einzeher Pferd noch ein Vierfinger oder Vierzeher. Bloß
daß dann wieder jemand sagen könnte, wenn so die Anhängsel und
Rudimente voll mitgezählt werden sollten, so möchte man auch das
Pferd einen Dreifinger oder Dreizeher nennen, weil doch seine Griffel
ideell auch nur unentwickelte Seitenzehen wären. Die zoologische Syste=
matik hat hier einen Mittelweg gesucht, der sich, wie wir noch sehen
werden, auch in anderer Beziehung gut bewährt. Sie sagt sich nämlich:
einerlei ob ich beim Hirsch nur die beiden Hauptspitzen der vier Füße
zähle oder noch die beiden Afterklauen dazunehme: allemal komme ich auf
gerade Zahlen, nämlich entweder zwei oder vier. Beim Pferde
dagegen komme ich, ob ich nun bloß den einen voll entwickelten Mittel=
strahl mit seinem Finger oder seiner Zehe rechne, oder ob ich die
beiden Seitengriffel ideell dazu verrechne, ebenso unbedingt in beiden
Fällen auf ungerade Ziffern, nämlich entweder eins oder drei.
Und danach sind dann neue Namen geprägt worden. Der Hirsch wird
zu den Paarfingern oder (da bei seinen „vier Füßen“ Zehen dem

Allgemeinbrauch) nach wie immer das geläufigere Wort bleibt) allgemein den Paarzehern gerechnet. Lateinisch gibt das „Artiodaktyla", von artios, gerade in der Zahl, und daktylos, der Finger. Das Pferd dagegen tritt zu den Unpaarfingern oder Unpaarzehern, den „Perissodaktyla", von perissos, ungerade in der Zahl, und ebenfalls daktylos, der Finger.

Solche Paarzehigkeit und Unpaarzehigkeit sind aber nun wieder nicht bloß rein anatomische Gegensätze. Sie führen uns auch gleich auf Unterschiede des Gebrauchs und damit der Lebensweise und Anpassungsform der betreffenden Tiere. In unserem Falle treffen beide Sachlagen auf Huftiere, und Huftiere sind von Wesen her gute und dauerhafte Läufer. Davon müssen wir also bei Hirsch wie Pferd ausgehen. Aber darüber hinaus gibt es auch innerhalb des Laufens gegensätzliche Möglichkeiten. Das Pferd (es ist in jenem erwähnten besonderen Bande des „Tierbuchs" eingehend erörtert) ist mit seinen einfachen klobigen Schlaghufen, an jedem Bein nur einem, aber einem enorm konzentrierten, das wahre Ideal eines Renners auf freiem, mehr oder minder festem Plan. Es ist das typische Tier der offenen Steppe, der es ja auch heute wie ehemals als Wildtier immer angehört hat, von der afrikanischen Buschsteppe am Kilimandscharo bis zur chinesischen Gobi und der alten zwischeneiszeitlichen und nacheiszeitlichen Diluvialsteppe in Europa. Angegriffen, jagt es davon, immer weiter davon, all sein Heil in der Flucht in die offene Weite setzend. Je freier der Plan bis zum Horizont flutet, desto größer die Chance. Dem gegenüber kann man den Doppelhuf des Hirschs nicht sehen, ohne an einen weicheren, nachgiebigeren, feuchteren Boden zu denken. Er läßt sich spreizen, erzielt auch bei elegantester Laufver= vollkommnung und Konzentrierung des übrigen Beins doch noch immer eine kleine Spielfläche, die eine Verbreiterung auf morastigem Terrain ermöglicht. Selbst die kleinen Klunker der Afterklauen möchte man bei tieferem Einsinken noch wie eine Schutzmaßregel hierher verrechnen, eine feine Bremse zum Retardieren beim zu tiefen Schritt in etwas Nachgebendes hinein. Man darf das nicht übertreiben, aber ein Grundzug hierher drängt sich immer wieder auf und ist auch früh schon von Tierkundigen betont worden. Und diese allgemeine Beob= achtung stimmt nun auch beim Hirsch wirklich durchaus mit seiner heutigen Lebensweise.

Die Hirsche sind ausgesprochene Waldtiere. Vereinzelte Aus= nahmen können daran nichts ändern. Im allgemeinen folgen sie über=

all da, wo sie können und überhaupt heimisch sind (ihre geographische
Verbreitung hat nämlich noch besondere Rücken) den großen Wald=
gürteln der Erdteile. Mit ihnen steigen sie bergan, und wenn sie
schon die große Waldzone verlassen, so geschieht es viel eher nach
oben in kahle, aber moorige Hochtäler und Gebirgsmulden hinein als
dauernd in die tiefere offene Ebene. In dieser Ebene gehen sie gern
den dicht bebuschten Auwäldern des Stromnetzes nach. Wo der Hirsch
gelegentlich äsend im freien Plan erscheint, also im Pferdebereich, da
muß immer doch der Wald als Schutzhütte gewissermaßen auf Sicht
hinter ihm ragen. Ihn bei Gefahr wieder zu erreichen, ist er ja
schnellfüßig genug auch mit seinem Doppelhuf. Aber nie würde er
freiwillig sich auf den rasenden Dauerlauf des Pferdes in den offensten
Plan hinaus einlassen. Wer den Hirsch in seiner naturgemäßen
Lebensweise kennt, dem wird er am meisten charakteristisch sogar gerade
mit dieser doppelten, fast hätte ich gesagt amphibischen Staffage vor=
schweben: vorsichtig und stets rückgedeckt sich aus dem blauen Dickicht
auf eine saftige Waldwiese wie auf Widerruf vorschiebend. Im
Versteck, im Asyl, im eigentlichen Dauerbereich ist sein Heimatboden
aber waldhaft weich, voll gestauter Feuchtigkeit, begraben unter einer
Decke nachgiebigen morschen und nassen Laubes, ja vielfach unmittel=
barer Waldsumpf, in den fern von Forstkultur der Naturwald allemal
überzugehen liebt. Und das nun ist das Terrain, auf das der Hirsch=
fuß recht eigentlich von Haus aus eingestellt erscheint.

Gerade zu dieser Lebensart paßt aber aufs beste wieder eine
andere organische Veranlagung des Hirschkörpers, die uns allerdings
jetzt vollends vom Pferde fortführt. Der Magen des Hirschs zeigt
nämlich einen Bau und eine Arbeitsmethode, wie sie in der denkbar
günstigsten Weise einem Tiere dienen müssen, das, an sich nicht ein
Raubtier und als vorzüglicher Läufer in der Regel jedenfalls weit
mehr dem passiven Fluchtprinzip vor Gefahren als der aktiven Ver=
teidigung zugeneigt, in seiner Lebensweise zwischen gefährdeteren Streif=
zügen am Waldrande und sichereren Zeiten tief im Waldversteck hin
und her pendelt. Jeder Freund unserer Zoologischen Gärten kennt
den Marabu, den wunderlichen „Kropfstorch“. Das Charakteristischste,
wenn auch nicht eben Schönste dieses alten Herrn ist sein riesiger
Kropf. Keine Krankheit, wie bei uns, ist dieser Kropf hier eine äußerst
glückliche Organanlage für ein Tier, das gewöhnt ist, bei der Mahl=
zeit hastig und ohne Kauen übergroße Mengen Nahrung in sich hinein
zu stopfen. Er entlastet den Magen, indem er eine Art provisorischer

Aufbewahrungskammer bildet, in der provisorisch auch schon eine vorbereitende oberflächliche Verdauung stattfindet. Dieses Prinzip des Kropfes ist nun auch beim Hirsch verwertet. Allerdings sitzt sein Kropf nicht oben und äußerlich sichtbar am Halsteil der Speiseröhre, sondern er schließt sich so eng an den Magen an, daß er geradezu als ein Teil dieses Magens erscheint und auch gewöhnlich als solcher beschrieben wird. Die gangbare Schilderung gibt dem Hirsch viererlei verschiedene Mägen, also etwas ganz Absonderliches. In Wahrheit löst sich diese Fülle zunächst in einen Kropf und einen echten Magen auf, von denen dann allerdings jeder wieder in zwei Kammern für sich zerfällt. Der Kropf bildet ein mächtiges Doppelreservoir, in das die flüchtig abgerupfte und kaum gekaute Pflanzennahrung in größten Portionen zunächst einmal roh hinuntergeschluckt wird, als ginge es in den Magen selbst. Solange der Kropf sich füllt, ist aber dieser echte Magen, der erst unter dem Kropfansatz liegt, von der Speiseröhre her, die offen in den Kropf geht und dort zunächst zu enden scheint, gar nicht zugänglich. Das ganze eingestopfte Grünfutter häuft sich also in den beiden Kammern des Kropfes an, wie in einem kleinen Heuschober. Alsbald beginnt es in diesem Schober auch zu gären, Wärme und Feuchtigkeit heben an den rohen Stoff zu zersetzen, mikroskopisch winzige Organismen aus dem Geschlecht der Bakterien greifen rüstig mit ein: kurz, es kommt eine Vorverdauung auch hier zustande, die ein Stück gröbster Arbeit schon tut, obwohl sie allein allerdings noch lange nicht zum echten Magenwerk genügen könnte. Vielmehr beginnt jetzt erst einer der auffälligsten Spezialprozesse des Verdauungslebens, die im ganzen Tierreich vorkommen.

Die äußere Zufuhr hat nach reichlicher Kropffüllung endlich aufgehört, und das Tier hat sich von der Weide in eine möglichst behagliche, ungestörte Lage zurückgezogen. Man erwartet den überall hergebrachten Verdauungsdusel. Statt dessen beginnt plötzlich das Maul erneut zu kauen, aber diesmal still von unten herauf. Langsam, klumpenweise wird die oberflächlich zersetzte und durchgorene Nährmasse des Kropfes wieder bis in die Mundhöhle heraufgebrochen, um dort noch einmal in aller Ruhe und äußerst gründlich gekaut zu werden. Der Akt des freiwilligen Erbrechens ist dabei durch ein besonderes Nervenzentrum vom Rückenmark her sorgsam geregelt und stellt offensichtlich in diesem Falle einen ebenso normalen, wie nützlichen Prozeß dar. Eine Masse Speichel verwandelt die immer feiner zerkauten Grünstoffe endlich so in eine dünne Breisuppe, die jetzt auch

jeder gewöhnliche Magen weiter bewältigen könnte. Und so mag's
jetzt endlich mit diesem Magen selbst probiert werden. Die Suppe
wird also abermals verschluckt. Damit sie aber nicht wieder in den
Kropf läuft, haben sich jedesmal, wenn sie fertig ist und als zweiter
Gang serviert werden soll, durch automatischen Körperakt an der
inneren Mündung der Speiseröhre zeitweise zwei vorher freiklaffende
Schleimhautfalten zu einer Art kunstvoller Kanalisation aneinander=
gefügt, solchermaßen einen geschlossenen Tunnel quer durch das offene
Kropftor schaffend, der von der Speiseröhre jetzt direkt in das untere
Stockwerk des eigentlichen Magens leitet und die Suppe wie in einem
Speiseaufzug unabänderlich diesmal in diesen Unterstock durchpumpt.
In der ersten Kammer dieses Magens selbst wird dann noch ein
letztes Mal gepreßt und gefiltert, während in der zweiten Kammer
endlich die eigentliche chemische Verdauung und Aufsaugung beginnt.

Da sowohl Kropf als Magen, wie gesagt, je aus zwei gegen=
einander geöffneten Abteilungen bestehen, so hat man seit alters für
den ganzen kuriosen Apparat vier verschiedene, im einzelnen dann
noch wieder variierte Namen in Umlauf gebracht: der Hauptsack und
eigentliche Füllschober des Kropfs heißt der Pansen oder der Wanst,
seine Nebenkammer der Netzmagen oder die Haube, und die beiden
echten Magenkammern nennt man den Blättermagen oder Psalter
(seine Wandfalten geben ihm etwas von einem aufgeblätterten Buch)
und den Labmagen. Zum Verständnis liefern alle diese umständlich
erst zu erläuternden Worte so gut wie nichts; die einfache Trennung
in Kropf und Magen ist kürzer und doch weit belehrender. Den
Vorgang des Heraufbrechens und Neukauens aber trifft ebenso alt=
hergebracht und dabei wirklich gut die Bezeichnung als „Wiederkäuen".
Ein echter Wiederkäuer, wenn man daraus einen Abteilungsbegriff
im System machen will, ist der Hirsch.

Ganz im Dienste dieser komplizierten Wiederkäuernatur steht,
wie erklärlich, dann sein Gebiß, diese allererste Instanz jeglichen
Ernährungsprozesses, der über den Magen läuft, bei der Mehrzahl
der Säugetiere. Vergleichen wir auch hier mit unserem menschlichen
Zahngehege, so zeigt abermals ein erster Blick, daß solcher Hirsch ein
extrem einseitig spezialisiertes Gebiß führt. Ohne Lücke läuft bei uns
das Gehege oben wie unten einheitlich fort, und alle Zahnformen,
die Backzähne hinten wie die Eckzähne diesseits der Mitte und die
Schneidezähne vorne, sind deutlich vorhanden, ohne daß eine Sorte
sich tyrannisch auf Kosten der anderen vordrängte. Das ist nun

schon beim Pferde gründlich durchbrochen. Das Gebiß dieses riesigen Pflanzenfressers besteht nur noch aus einer kolossalen Mühle im Hintergrunde, den Backzähnen, und einer starken Rupfschere vorne, den Schneidezähnen. Die Eckzähne spielen dazwischen so gut wie gar keine Rolle mehr. Zwischen Mühle und Schere aber klafft eine weite Lücke. Beim Wiederkäuergebiß ist das alles nun noch extremer. Auch hier ist hinten die Mühle in voller Kraft, ihre Steine leisten in seitlich mahlender Bewegung sogar das Äußerste. Auch hier dehnt sich die Lücke. Und auch hier arbeitet vorne ein sinnreicher Rupfapparat. Aber dem letzteren fehlt diesmal auch der letzte überbleibende Charakter einer echten Schneidezahn-Schere. Nur die untere Klappe der Schere ragt nämlich noch, sie allerdings besonders stark. Im oberen Kiefer ant= wortet ihr dagegen kein einziger Schneidezahn mehr. Auch in der Vollkraft seines Lebens erscheint der Hirsch hier wie ein ewiger Greis. Näher besehen erweist sich das Ganze indessen gerade so als ein höchst sinnreicher Apparat, ein Apparat eben im Sinne des Wiederkäuens.

Jeder von uns hat beständig die einfachste Gelegenheit, selbst zu beobachten, wie ein solches Vordergebiß gebraucht werden kann. Aus Gründen, die wir in der Folge noch eingehend zu erörtern haben, ist die Praxis des Wiederkäuens nicht auf den Hirsch beschränkt, sondern kommt noch einer Anzahl anderer, ihm aufs nächste verwandter pflanzenfressender Säugetiere vom Zweihufertypus zu, und auch dort taucht in den meisten Fällen das entsprechende Gebiß auf. Zu diesem weiteren Kreise gehören aber unsere alltäglichsten Haustiere neben dem Pferde. Jede weidende Kuh demonstriert uns also jenen Rupfapparat in Funktion, wenn sie die langen Grasbüschel mit ihrer langen rauhen Zunge heranhebt, dann mit der Schaufel der unteren Schneidezähne gegen den leeren knorpeligen Oberkieferrand preßt und durch einen energischen Kopfruck hörbar abreißt. Man sieht auf eine unermüd= liche Massen=Mähmaschine, die auf dem Punkt steht, sich von dem alten Prinzip der wirklich schneidenden Zähne mehr oder minder ganz wieder zu emanzipieren, und dabei überhaupt anfängt mit den Zähnen aufzuräumen. Unwillkürlich muß man an den Weg so vieler Tiere denken, die nachweislich einmal Zähne besaßen, sie aber dann wieder abschafften zugunsten irgendeiner Art verhornter Knackschnäbel: der Schildkröten, der Vögel, der muschelknackenden Wasserschnabeltiere. In eine leise Tendenz derart ist auch das Rupfgebiß dieser Wieder= käuer offenbar hineingeraten. Und höchst charakteristisch ist dabei auch noch die Situation der Eckzähne. Unten sind sie einfach mit zur

Verstärkung der dauernden Schaufel herangezogen worden: sie haben vollständig den Charakter von Schneidezähnen angenommen und bilden als solche je die Kantenecke der Schaufel, so sehr dort angepaßt in ihrer Form, daß man sie lange gar nicht als ursprüngliche Eckzähne hat gelten lassen wollen. Oben aber fehlen sie z. B. bei solcher Kuh schon ebenso radikal wie die Schneidezähne. Bei den Hirschen selbst stehen sie dort dagegen noch im Stadium sozusagen des schwankenden Spiels. Bei gewissen niedrigsten Hirschformen (wir reden noch davon) wachsen sie dem Männchen zu ornamentalen Hauern aus, die dort ähnliche merkwürdige Beziehungen zeigen wie sonst die Hirschgeweihe. Bei unseren bekanntesten und heimischen Hirschen dagegen erweisen sie wenigstens alle Regellosigkeit und Zufallsschwankung des bereits ver= fallenden und zwecklosen Organs: bei unserem Rothirsch kommen sie noch regelmäßig vor und bilden die vom Jäger geschätzten „Granen"; beim Damhirsch fehlen sie dagegen ganz, und bei unserem Reh tauchen sie bloß als seltene Abnormität gelegentlich noch auf, die so rar ist, daß man sie auf Jagdausstellungen schickt.

Im ganzen aber kann kein Zweifel sein, daß wir in diesem wunderlichen Wiederkäuertum und allem, was in der Organisation damit zusammenhängt, ebenfalls eine ausgesprochene Anpassungsform, eine Schutzmaßregel vor uns haben. Draußen im grasigen Plan wird so viel rasch gerupft, gerafft, kaum gekaut in den Kropf hinein verschluckt, wie nur eben möglich ist, mit Hilfe einer wahren Mäh= maschine. Im geschützten Waldversteck wird dann wie in einer Diebs= höhle der Raub noch einmal behaglich ausgepackt und neu sortiert, damit er seinen eigentlichen Zweck erfülle. Und das kann wieder nicht besser passen als eben auf unseren Hirsch mit seiner Doppelrolle: bald des scheuen Flaneurs im Plan, bald des behaglichen Häuslers im unsichtbar machenden Busch.

In dem Zeitalter der Tierkunde, das durch den Namen Darwins beherrscht wird, sind wir aber stets geschult, in solcher glänzend durch= geführten Schutzanpassung zugleich auch schon einen geschichtlichen Wert zu sehen. Zu irgendeiner Zeit, so sagen wir uns, müssen hier Tiere, die allgemein in das Stadium der Hufbildung eingetreten waren, sich dem Waldboden mehr angepaßt haben als dem Steppenplan, was dann ihren Füßen die paarige Hufform gab und im Gefolge ihrem Magen, ihren Zähnen die spezifische Wiederkäuernatur. Eine besondere Linie der Huftiere muß sich hier weit vom Pferde hinweg spezialisiert haben, eine Linie, die uns eben der Hirsch heute aufs anschaulichste verkörpert. An dieser Stelle müssen aber alsbald dann weitere stammesgeschichtliche Momente deutlich werden.

Jene Vergleichung unserer menschlichen fünffingerigen Hand, unseres menschlichen Armes, unseres menschlichen vollständigen Gebisses mit den entsprechenden Teilen bei Pferd und Hirsch ist ja nicht ein bloß mehr oder minder willkürliches Messen gerade an dem, was uns menschlich am nächsten in der Säugetierwelt steht. Der Mensch, in anderm Sinne zweifellos heute die oberste Form des ganzen Säugetierstammes, der mit seinem Gehirn über alles gigantisch hinausgewachsen ist, wahrt eigenartigerweise in vielen Zügen seiner Organisation gerade umgekehrt sehr alte und ursprüngliche Säugerzüge. In ihren geschichtlich ältesten Anfängen besaßen alle Säugetiere gerade diese ausgesprochen fünffingerige Hand, dieses vollständige, lückenlose Gebiß. Diese Hand war das schon uralte Erbe vom Reptil, das die ersten Säugetiere alle mitbekamen. Und dieses Gebiß war das früheste, das sie in neuer Komplizierung des Reptilgebisses bei sich zunächst ausbildeten. Allmählich, in der Folge, während eines Zeitraums von mindestens mehreren Millionen von Jahren, traten dann erst in den nicht zum Menschen gehenden Zweigen einzelne konsequente Anpassungslinien hervor, die diese Urorganisation wenigstens bei einer ganzen Reihe von Säugetiergruppen ernstlich abänderten und mehr oder minder bis zu Extremen durch Ausschalten und Umschalten spezialisierten. Eine solche nachträgliche Umgestaltung, deren Stufen wir ganz besonders gut noch verfolgen konnten, führte zum Pferde. Hinsichtlich der Hand und des Fußes hatte hier eine wirkliche historische, etappenweise Abstoßung von Fingern und Zehen stattgefunden. Der fünfzehige Fuß wurde erst vierzehig, dann dreizehig, dann verkümmerten die beiden noch übrigen Außenzehen auch noch erst zu Afterklauen oder Klunkern, um endlich (im heutigen Zustande) zu den Griffeln zu werden und die Mittelzehe (oder den Mittelfinger vorne) ganz allein in Funktion zu lassen. Und entsprechend wichen gleichzeitig die übrigen Organe mehr oder minder vom Grundtypus ab. Noch heute leben gewisse Stufen dieser Bahn nur teilweise verändert fort: so gleichsam als konservierte Urpferde der Tapir und das Nashorn. Viele andere Formen, die fast die ganze Kette ergeben, sind uns dagegen, wie erwähnt, wenigstens in versteinerten Resten aus der Urwelt erhalten. Im ganzen sehen wir aber hier beim Pferde unverkennbar in die stets wachsende Konsequenz einer Anpassung, die auf jenes Schlagen des festen Grasplans durch einen

schon früh wesentlich in die Mittelzehe, den Mittelfinger als Schwer=
punkt eingestellten Fuß ging. Ältere Formen mochten hier noch
gelegentlich schwanken, in der Lebensweise doch noch wieder abirren.
Für den Hauptstamm aber blieb die Entwickelungsnorm gegeben, die
nicht ruhte, bis sie die Mittelzehe, den Mittelfinger, die alle andern
von früh an in Länge wie Kraft überholt hatten, auch wirklich
ganz isoliert und zum einzigen zuletzt übrigbleibenden Träger
gemacht hatte.

Wenn wir nun neben das, was hier im Pferde erreicht worden
ist, den Hirschfuß von heute halten, so ist klar, daß auch er in eine
ähnliche Linie geschichtlicher Finger= und Zehenreduzierungen einmal
eingetreten sein muß. Auch er hat (um nur den Vorderfuß zu
betrachten) den Daumen heute bereits vollkommen, den Zeige= und
Kleinfinger mindestens zum Teil verloren. Immerhin scheint der
Prozeß bei ihm nicht ganz so weit vorgeschritten zu sein als beim
heutigen Pferde. Der Hirsch ist ja, wie gesagt, noch ein Zweizeher, ja
fast ein Vierzeher. Inzwischen liegen die Dinge aber gewiß nicht so,
daß nun der Hirsch, Huftier wie er im übrigen ja doch auch ist, sich
deshalb etwa selber in den Stammbaum des Pferdes einordnen ließe
und daß er etwa heute noch ähnlich als „verlorener Sohn" aus
bestimmter Stufe dort vor uns stände wie jene Tapire oder Rhinozerosse.
Schlechterdings unmöglich läßt sich die Tendenz seiner Füße: das
ganze Schwergewicht auf zwei Hufzehen, die dritte und vierte, statt
bloß auf die eine dritte und mittelste zu konzentrieren, irgendwie aus
der Pferdelinie selbst heraus verstehen. Paarzeher und Unpaarzeher,
die wir oben systematisch als Gegensätze faßten, müssen auch ent=
wickelungsgeschichtlich von unten an extreme Gegenpole gebildet haben.
Früh haben sich ganz offenbar hier zwei Huftierlinien für immer
getrennt, ohne jemals wieder echte Berührungspunkte zu finden. Und
es ist durchaus verständlich, daß es eben jener Anpassungsgegensatz
war, der hier geschieden hat: hie freier Plan mit Einhufertendenz, hie
weicher Waldboden mit Zweihuferglück. Für die letztere Anpassung
war der Doppelhuf, einmal erreicht, ebenso die absolute Höhe wie
dort der Einzelhuf. Und der Schritt zum Wiederkäuer war dann
bloß noch weitere historische Konsequenz der einen Seite, zu der von
der andern aus keinerlei Anlaß vorlag.

Also Fünf zu Zwei beim Hirsch, Fünf zu Eins beim Pferd, und
in der Linie dieser verschiedenartigen Anpassungsregulierungen selbst
keinerlei spätere Brücke! Wenn wir den Stammbaum des Hirschs

uns ebenso wie den des Pferdes nicht bloß durch einen allgemeinen
Hinweis auf die entscheidende Anpassung darin erledigen, sondern in
greifbaren geschichtlichen oder auch etwa noch lebenden Formen im
Detail enträtseln wollen, so müssen wir die Straße „Fünf zu Zwei"
für sich abzuschreiten suchen, ohne weitere Hilfe vom Pferd erwarten
zu können.

Das heißt: mit einer Einschränkung.

Jenseits jener richtigen und entscheidenden Erwägung bleibt doch
die Tatsache, daß Hirsch wie Pferd beide überhaupt den Huf besitzen
und einander auch, wie erwähnt, in mancherlei anderen anatomischen
Eigenschaften ähneln, und sie bleibt für ihr Teil ebenfalls ein ernster
geschichtlicher Hinweis. Sie erleichtert nämlich die allererste An-
knüpfung des Hirsch-Stammbaums an die große Grundlinie in der
Entwickelungsgeschichte der Säugetiere überhaupt ganz bedeutend.

Hirsch und Pferd sind außer in der allgemeinen Existenz des
Hufes bei beiden auch darin noch heute schlechterdings identisch miteinander, daß sie bei der Ausbildung ihres Embryo im Mutterleibe
jene Form der Verbindung und Ernährung dieses Embryo in Gestalt
der sogenannten Plazenta oder des Mutterkuchens herstellen, die niemals
noch bei den allerniedrigsten und ältesten Gruppen der Säugetiere,
also weder bei den Schnabeltieren (die gar keine Plazenta bilden),
noch auch in dieser Form bei den Beuteltieren (die erst unvollkommene
Anfänge einer Plazenta besitzen) vorkommt und vorkam, die sich
dagegen in entsprechender Weise auch bei allen höheren Säugetiergruppen
sonst, also zum Beispiel den Raubtieren und den Affen mit Einschluß
des Menschen findet. (Vgl. hierzu den ersten Band dieses „Tierbuchs".)
Wenn wir uns nicht in allerältesten, aber doch in noch recht alten
Tagen der Säugetierentwickelung eine Stammform vorstellten, die bereits
diese höhere Bildung im Mutterleibe besaß und außerdem auch ohne
weitere Spezialisierung doch schon bis zur Stufe des Besitzes von einfachsten und annähernden Hufen gelangt war, so könnte nichts im
Wege stehen, in dieser Urform wirklich Hirsch und Pferd noch an
gemeinsamem geschichtlichen Ausgangspunkt vereinigt und der gleichen
Wurzel entsprossen zu denken. Denn in diesen Punkten sind sie heute
noch gleich, warum also damals nicht. Von solcher Form aber haben
wir nun wirklich eine gewisse historische Kenntnis.

In dem Teil dieses Buches, der dem Stammbaum des Pferdes
allein gewidmet ist, sind wir von diesem Pferde aus rückwärts schon
einmal über alle Zwischenstufen hinweg bis zu ihr vorgedrungen. Im

Anfang der Tertiärzeit, ſo ſahen wir da, lebten an mehreren
Orten der Nordhalbkugel unſeres Planeten, von denen uns beſonders
einer bei Reims (ſogenannte Cernayſien= und Agéien=Schichten)
und andere in Nordamerika (ſogenannte Puerko= und Torrejon=
Schichten) direkte Spuren hinterlaſſen haben, gewiſſe höchſt merkwür=
dige Säugetiere, die wir aus vielerlei Gründen für die Ausgangs=
gruppe aller höheren Säugetiere jenſeits der Schnabeltiere und Beuteltiere
halten müſſen. Bei ihnen wohl zuerſt iſt jene obere Plazenta=Bildung
konſequent durchgeführt geweſen. Die Vertreter dieſer merkwürdigen
Urgruppe waren durchweg kleine Tiere, die ſich alle darin ähnelten,
daß ſie noch ganz oder faſt ganz im Beſitz des urſprünglichen voll=
ſtändigen und lückenloſen Säugetiergebiſſes und der alten fünffingerigen
Säugetierhand waren. Von heute fortlebenden Weſen, die noch am
eheſten einen Teil ihrer Merkmale bewahrt haben, beſitzen wir die
ſogenannten Inſektenfreſſer, alſo die Igel, Maulwürfe und Konſorten.
Damals produzierte dieſe ſonderbare Geſellſchaft aber keineswegs
bloß Igel oder Maulwürfe. In ihrer jungen Blüte im Morgenrot
eines großen Entwickelungstages der Säugetiere muß ſie (im Banne
irgendeines friſch einſetzenden Bildungsgeſetzes) eine geradezu enorme,
förmlich exploſive Geſtaltungskraft nach allen möglichen Richtungen
entwickelt haben. So trieb ſie ſchon ſehr früh aus ſich eine ſpezialiſiertere
Gruppe hervor, die durch Ausbildung echter Krallen und eines ein=
ſeitigeren Fleiſchgebiſſes unverkennbare erſte Raubtierzüge pointierte
und ziemlich ſicher auch über mancherlei Vorſtufen hinweg endlich
zu den wirklichen Raubtieren, wie wir ſie heute noch haben, geführt
hat. An einer anderen Ecke arbeitete ſie ſich ebenſo konſequent durch
Hinneigung zu gewiſſen affenhaften Zügen, zum Beiſpiel Weiterbildung
der Hand und Ausbildung des Nagels, zu Geſchöpfen hinüber, die
aller Wahrſcheinlichkeit nach der Ausgangspunkt der heutigen Halb=
affen, echten Affen und Menſchen geworden ſind. Endlich aber trat
bei einem ihrer Zweige auch eine unverkennbare Tendenz auf das
hervor, was ſich im zunächſt allgemeinſten und ſozuſagen idealſten
Sinne als „Huftier" bezeichnen läßt.

Die Tierkundigen haben (es iſt das im erſten Bande dieſes
„Tierbuchs" eingehend erzählt), wie für jene andern Ausgangsgruppen,
ſo auch für dieſe letztere einen Namen erfunden, von dem die älteren
Naturgeſchichten noch keine Ahnung hatten: ſie nennen ihre Vertreter
in der fernen Eozän=Zeit (dem erſten Drittel der Tertiär=Zeit) die
Kondylarthren, wofür deutſch (nicht als Überſetzung, aber ſinngemäßer

Erſatz) die Bezeichnung „Ur-Huftiere“ gewählt werden kann. Dieſe Ur-Huftiere beſaßen ebenfalls damals noch das vollzählige Gebiß und hatten fünf Finger oder Zehen an jeder Extremität, die bei den älteſten Formen auch noch alle fünf beim Laufen den Boden berührten. In ihren Gliedmaßen war demnach ideell noch der neutrale Aus-gangspunkt gegeben, von dem innerhalb des Huftier-Typus ſowohl die ſpäteren Paarzeher wie die ſpäteren Unpaarzeher, alſo Hirſch wie Pferd, ausgehen konnten. Und dieſe Ableitung läßt ſich denn auch zunächſt für die Unpaarzeher-Linie wirklich noch paläontologiſch durch-führen.

Das Tier Phenakodus wird da entſcheidend. In vorzüglichen Reſten in Nordamerika erhalten, ſtellt es einen echten Ur-Hufer dar, der doch in der Fußbildung ſchon deutlich gegen den Unpaarzeher-Typus, alſo die ſpätere Pferde-Form, hin abwich. Der Schwerpunkt der vier Lauffüße ſenkt ſich bei ihm bereits innerhalb des fünfzehigen Fußes erſichtlich auf die Mittelzehe, neben der die vier Seitenzehen ſich fächerhaft zu verkürzen beginnen. Dieſer Weg läßt ſich dann über Jahrmillionen fort immer weiter verfolgen bis zum wirklichen heutigen Pferd, wie in dem Buch vom „Pferd und ſeiner Geſchichte“ des näheren auch weiter erzählt iſt. Entſprechend müßten wir alſo für unſeren Stammbaum des Hirſchs jetzt eine ebenſolche Kondylarthren-Form erwarten, die im Fußbau ebenſo erſichtlich ſtatt auf pferdehafte Unpaarzeher auf hirſchhafte Paarzeher ſchon damals ablenkte. Alſo von fünf Zehen eine, die innerſte, die große Zehe (oder den Daumen, wie man's ja je nach vorne oder hinten nennen will) zunächſt einmal etwas zurücktreten ließ, womit vier Zehen (alſo die gerade Zahl!) die Entſcheidung übernommen hätten; vielleicht ſogar ſchon recht früh mit einer Tendenz, die noch wieder unter dieſen Vieren das mittelſte Paar ſtärker begünſtigte. Immerhin kann der Weg auch hier nicht gleich von fünf zu zwei im heutigen Hirſchſinne gegangen ſein. Wirk-lich vierzehige Stufen, bei denen auch das äußere Paar noch nicht bloß zu Afterklauen degradiert war, ſondern ebenfalls noch wenigſtens einigermaßen vollwertig den Boden berührte, müſſen ſich geſchichtlich erſt dazwiſchen geſchoben haben.

Ein ſolcher „Phenakodus“ des Hirſchs iſt nun unter den bis-jetzt bekannten echten Kondylarthren allerdings noch nicht ſicher nach-gewieſen worden. Bei den ſpärlichen Fundſtätten und trümmerhaften Gebeinsreſten dieſes uralten Dämmervolks ſind wir ja einſtweilen nicht im Stadium des Forderns. Wir müſſen uns beſcheiden. Der gleiche Zufall, der uns den einen Phenakodus im ganzen Skelett heraufgeworfen hat, hat den andern ebenso konsequent bisher verweigert. Verschiedene Forscher meinen zwar bei der kleinen Kondylarthren=Gruppe der sogenannten Miokläniden auf der Spur zu sein. Das sind kaum fuchsgroße Urhuferchen aus Nordamerika, von denen man aber nur ein paar Kiefer hat. Die Größe macht es ja nicht, denn es leben noch heute winzige Zwerghirsche, und fuchsgroße Miniaturpferdchen hat's auch auf der Einhuferseite einmal gegeben. Aber es fehlen gerade die Füße, die uns doch das Entscheidende sagen müßten. Andere halten diese Geschöpfe noch für Voreltern der Igel, — so weit differieren die Meinungen.

Inzwischen werden wir uns also bescheiden müssen, die erste er= kennbare Sprosse für unsere Hirschlinie etwas höher anzusetzen, — abwartend immerhin, daß irgendein Glücksfund später noch eine nach ganz unten daran schließe. Auch dabei kann indessen die all= gemeine Erinnerung an die alten Kondylarthren (bei denen irgend= wo doch ganz bestimmt auch jener letzte Anschluß gelegen haben muß) auch in der Form, wie wir sie heute schon kennen, einen überaus wich= tigen Fingerzeig geben.

Jener Phenakodus des Pferdes, obwohl an sich Ausgangspunkt einer ganz anderen späteren Huftierreihe, darf uns nämlich in einem Punkte sicher auch etwas lehren über den zur Zeit noch unbekannten „Phenakodus des Hirschs". Er besaß auf seiner Stufe, wo seine Füße doch ersichtlich bereits urpferdhaft zu werden begannen, noch ein ganz oder doch nahezu noch ganz vorpferdliches, rein kondylarthrisches Gebiß. Die weitgehende Umformung der Füße setzte also historisch in ihm früher ein als die extreme Umgestaltung des Gebisses. Diese historische Rangordnung werden wir aber unbedenklich auch auf die Anfänge der Hirschahnenschaft übertragen dürfen: auch hier wird die Tendenz zum Hirschfuß geschichtlich älter sein als die extreme zum Hirschgebiß, und lange mögen noch hier wie drüben Formen bestanden haben, die bei hirschähnlich werdenden Paarhuferfüßen doch noch eine sehr viel altertümlichere, kondylarthrenhafte Bezahnung weiter führten. Praktisch ist das ja in beiden Fällen so durchaus verständlich, für unsere Weitersuche gibt es uns aber im Hirschfalle ein äußerst wert= volles Indizium. Erinnern wir uns praktisch nur wieder, daß die Fußum= wandlung zunächst eine Terrainanpassung war, in der Pferdelinie an den freien Grasplan, in der Hirschlinie an den sumpfigen Waldboden. Das brauchte aber anfangs das Gebiß nicht notwendig zu alterieren.

Wohl gibt es bei Organumwandlungen jene gewissen geheimen Gesetze, die man „Korrelation" nennt, und die, wenn ein Organ abgeändert wird, vielfach andere geheimnisvoll mitabändern lassen, auch wenn die Anpassung, die dort wirkt, hier noch gar kein Ziel gibt. Aber dieser Weg der Natur ist keineswegs immer zwingend. Wohl hat man auch nach heutigem Anblick gern betont (der Satz war schon Goethe geläufig), daß etwa ein Hirsch kein Raubtiergebiß führen könne. Aber auf diese alten Übergangs= und Werdetage passen auch diese Gesetzmäßigkeiten nirgendwo mehr so genau. Prinzipiell konnte jedenfalls auch ein Gras= oder Sumpfwaldtier, das sich bloß erst einmal etwas solidere Schuhe angeschafft hatte, damals sehr gut noch lange auch anderes fressen als bloß Gras.

Das alte Kondylarthrengebiß, also das zunächst überkommene Freßmaul, war aber keineswegs bereits ein Grasfressergebiß. Im wesentlichen war es ja noch das Ursäugergebiß selbst, aus dem das Raubtier wie der im Gebiß fast noch raubtierhaftere Igel so gut hervorgegangen sind wie auf der andern Seite der Mensch mit seinen famosen Doppelkostbeißern, die so gut Beefsteak wie Salat kauen. Durchweg ist auch das Kondylarthrengebiß ein typisches „Allesfresser= gebiß" gewesen, das eine saftige Frucht so wenig verschmähte wie ein stattliches Insekt oder einen Vogel, wo sie sich gaben. Abgesehen von der Vollständigkeit (also mit allen Zahnsorten in ungefähr gleich= mäßiger Vertretung) zeichnete sich dieses Gebiß besonders durch ein bestimmtes Urschema der Backenzähne aus, das offenbar für die Alleskost rein technisch im Säugerbereich stets das brauchbarste gewesen ist und das entsprechend zum Beispiel auch noch in unserem heutigen Menschengebiß (auch wir sind eben typische „Allesfresser"!) wiederkehrt. Die Backenzähne trugen nämlich ein paar (etwa vier) einfache Höcker, die durchweg noch keine oder höchstens erst ganz geringe Neigung zeigten, in Winkel, Halbmonde oder allerhand noch verwickeltere gemeinsame Arabesken überzugehen. Ein solcher schlichter Alleskauer wird von den Tierkundigen als „bunodont" bezeichnet, was einfach das Wort „höckerzähnig" fremdsprachlich übersetzt. Solche bunodonten Backen= zähne hatte folgerichtig also auch noch der pferdische Phenakodus zu seiner Zeit, und wir werden mit Fug und Recht annehmen dürfen, daß sie auch noch der zum Hirsch gehörige Urstammvater besessen habe. Und erst ganz nach und nach mögen die Dinge (mit immer mehr Schwergewicht auf Pflanzenkost in beiden Reihen) endlich auch an dieser Stelle in Fluß gekommen sein.

Wiederum wahrscheinlich aber ist, daß es wohl noch etwas später in der Hirschreihe geschehen sei, als in der Pferdereihe. Heute hat ja auch kein Hirsch mehr ein bunodontes Backenzahngebiß, so wenig wie das Pferd eines hat. Aber für damals ist zunächst noch ein verschiedenes Tempo einleuchtender, wenn man eben nur immer wieder auf den Gegensatz der Grundanpassung in beiden schauen will. Die Pferdeahnen in ihrer offenen Grasebene werden früher auch ihr Gebiß auf pure Grasfresserei eingestellt haben. Den Hirschahnen in ihrem Sumpfwald, von dem sie doch ausgingen, wird man dagegen gern zuschreiben, daß sie noch ein Teil länger auf dem alten Stand der Dinge verharrt hätten. Wenn man denkt, was der tiefe Wald an leicht erreichbarem Kleingetier bietet, so liegt das ja nahe genug. Von Pflanzenkost liefert er vielfach Fruchtnahrung, und die bildet immer schon eine Art Brücke zur Fleischkost als Nebenerwerb. Fruchtfressende Tiere haben durchweg eine Neigung auch zu Eier= und Jungvogelraub, und umgekehrt. In etwa bewährte sich hier schon, was so viel später noch in der Menschheit den großen Kontrast ihrer Kultur gebildet hat: der Wald erhält beim Jägertum, — die Kultursteppe, der Ackerbau, drängt dagegen energischer zu einem mehr oder minder ausgeprägten Vegetariertum; neben den Blutmenschen dort tritt hier der Brotmensch. Ein Ende muß die Sache ja endlich doch auch beim Hirsch genommen haben, — ein Ende seiner Alles= fresserei und damit seines bunodonten Gebisses. Sehr deutlich ver= stehen wir auch das aber wieder daraus, daß seine Ahnen mit gewisser weiterer Entwickelung selber eben nicht mehr reine Waldtiere blieben, sondern sich wenigstens bequemten, den Schutzwald exkursionsweise zu verlassen, also doch in etwa auch ins Pferdegebiet zu pfuschen. Auf dieser Stufe mögen auch sie mehr extreme Pflanzenfresser geworden sein, wobei zugleich das engere System des Wiederkäuens im Sinne des schon früher Gesagten sich als hier nützliche Separatanpassung hinzufand. Das war aber dann auch wohl schon die Stufe, wo parallel die Fußentwicklung ihren neuen Trumpf ausspielte, möglichst paarzehig nur noch im wirklichen Sinne bloß zweier tragenden Zehen zu werden. Bei den Grasplanstreifen war das gewiß das beste, es war sozusagen die möglichste Pferdenachahmung auch von dieser Seite, während wir für die vorhergehende bunodontische Waldstufe mehr oder minder deutlich auch im Fuß noch die vollkommene Vierzeherstation in Kraft denken müssen; für ein Leben, das sich noch ganz und gar im Sumpf= walde abspielte, würde jene extremere Reduzierung doch kaum schon vorteilhaft gewesen sein, hier war eine Viererspreize, mochte immerhin der Ton schon etwas auf dem Mittelpaar liegen, entschieden mehr wert.

Man merkt: es ist zuletzt ein festes Tierbild, zu dem sich all diese Theorie wieder einmal so ganz sachte verdichtet hat. Es ergibt sich uns etwas oberhalb der alten Kondylarthren zunächst das Bild eines hypothetischen Urhirschs, der zwar schon auf den Hirsch ersicht= lich jetzt ging, aber ganz bestimmte Charakterzüge des Übergangs dabei wahrte. Er lebte noch rein im tiefen Walddickicht auf feuchtem Sumpf= boden. Er besaß noch ein vollständiges, in den Backenzähnen bunodontes Gebiß. Und seine Füße verharrten noch wesentlich auf der Stufe des Vierhufers. Tiere dieser Form könnten noch eine ganze Weile nach der engeren Kondylarthren=Zeit gelebt haben, — vielleicht eine recht lange Epoche hindurch. Je weiter wir aber über die alten Eozän= Tage, aus denen die Kondylarthrenreste stammen, geologisch auf uns zu hinausgehen, desto reichlicher wird die wirkliche Knochenüberlieferung. Unser Blick spannt sich, — es müßte doch seltsam sein, wenn jetzt nicht einer dieser Urhirsche wirklich auch im urweltlichen Skelett sichtbar werden sollte.

Aber indem das Museum sich öffnen soll, tritt unerwartet der Zoologische Garten selbst wieder in sein Recht. Nicht ein fossiles, sondern ein höchst sonderbares lebendes Tier meldet sich gerade zu jenem Bilde. Nicht nur aus dem Sumpf, sondern direkt aus dem Wasser hebt sich ein ungeschlachter Riesenkopf. Er gehört einer der größten Attraktionen unserer Tiergärten an, — dem Nilpferde.

Das Nilpferd ist das ausgewählte Beispiel der großen Wasser= scheusale, das unsere Sammlungen lebender Tiere vorführen können. Die noch grotesteren elefantenhaften Seekühe und riesigen Walarten sind bisher dort nicht zugänglich. Die überall vorhandenen Robben, aufs Wasser eingestellte Urraubtiere, wahre Jongleure ihres Elements, haben zumeist nichts Monströses, sondern eher etwas Graziöses. Selbst das entfernt dazu zählende Walroß, das Hagenbeck neuerdings zum ersten= mal in zahlreichen Köpfen importiert hat, ist eine Art Karikatur, aber noch kein Greuel wie jene. Das Nilpferd aber steht für eine ganze Richtung ein, und deshalb lieben es Direktion wie Publikum gleichmäßig, — mit der Liebe, die man dem Dämon des Einzig= artigen zollt.

Lange und intensiv hat dieses Nilpferd die Gedanken der Kultur= menschheit schon beschäftigt. Eine der wichtigsten alten Kulturen fand

es zufällig im Lande, die ägyptische. Sie wußte sich keinen besseren
Rat vor ihm, als es in die Fratzenwelt ihrer Tiergötter aufzunehmen.
Später ist es als lebendes Tier aber gerade in Ägypten völlig ver=
loren gegangen, und wenn wir heute sein Bild dort noch gespenstisch
auftauchen sehen in den unverwüstlichen Resten der alten Kunst, so
wirkt es selber wie eine monströse Phantasiegeburt verschollener
Menschenlaune. In der römischen Kaiserzeit erschien es dann im
Zirkus, rohes Sportobjekt jetzt einer Welt unbedingter Herrschaft über
alle damaligen Kulturmittel, die sich auch das Fremdartigste, Fernste
heranholen konnte; als solches Wunder aus der Fremde kam jetzt
schon der Koloß; sein Bild stand auf Cäsarenmünzen geprägt wie
eine Art Machtsymbol der ewigen Roma, was sie alles beherrschte, alles
besiegt hatte: selbst eine Welt solcher Scheusale. Noch einmal sollte
indessen die Kunde von ihm beinah ganz verloren gehen. Die wieder
aufkeimende nachmittelalterliche Wissenschaft mußte das Nilpferd so
gut wie neu entdecken. Sie fand es jetzt in den selber lange fast
märchenhaften Papyrussümpfen des tropischen Afrika. Wie Eisbären
und Wale die Polarforschung, so begleitete es fortan die wechselreichen
Schicksale der Entschleierung des schwarzen Erdteils, ein Stück Staffage,
das nie fehlte. Sein unheimlicher Klotzkopf tauchte aus jedem neuen
Quellstück des Nil, jedem der großen Seen, die da zur Karte hinzu=
kamen. Entdeckerromantik und Jägerlegenden spannen sich darum.
Endlich, nach einer Pause langer Jahrhunderte, kommt auch wieder
ein lebendes Exemplar nach Europa, in den jungen Londoner Tier=
garten. Damit aber ist ein Bann gebrochen. Seither ist es in
unseren zoologischen Gärten ein so festes, überall zu findendes In=
ventarstück geworden, daß es eigentlich jedermann kennt und daß man es
gar nicht mehr zu beschreiben braucht. In den afrikanischen Kolonien
knallen sie ihm fleißig nach, ein Glück, daß des Wassers dort noch
so viel ist und alle Wasser von ihm wimmeln. Das allzu kühne
Jägerlatein geht dabei wenigstens vor wirklichen Beobachtungen etwas
zurück. Inzwischen kennt das Tier aber auch jeder Berliner, Bres=
lauer, Kölner, Amsterdamer von Angesicht zu Angesicht. Ein zoologischer
Garten scheint schlecht verwaltet, der keines hat. So winzig die
Tümpel sind, die man ihm in solchem Garten bieten kann, dreckige
Tümpel, die es mit seinen unsauberen Gewohnheiten immer wieder
zu übelriechenden Lachen macht: es fühlt sich wohl darin und pflanzt
sein ungeschlachtes Volk sogar fort, so daß unsere Nilpferdhäuser sich
mit junger Nachzucht füllen, die Afrika niemals kennen gelernt hat,

nie zwischen Lotos und Papyrus durch wirkliche tropische Seen ge=
schwommen ist. Wärter und Besucher geben ihnen vertrauliche
Namen. Das ist die letzte Stufe der Aneignung durch die Kultur.
Das Schauertier wird zu einem Witz, einer kleinen Vergnüglichkeit
für Sonntagspublikum.

Mir hat das Nilpferdhaus deshalb doch nie aufgehört, der Ort
einer ganz eigenartigen Sensation zu sein. Ich meine nach wie vor,
es beherbergt das wunderbarste Tier des ganzen zoologischen Gartens.
Ein gewisses Grauen bin ich nie ganz los geworden. Stärker aber
noch ist der rein intellektuelle Zauber, der vom Nilpferd für unser
Nachdenken ausgeht.

Man braucht das Nilpferd, wie gesagt, dem Laien nicht mehr
zu beschreiben. Aber dieses Beschreiben hält auch gründlich schwer.
Das Nilpferd gleicht in seinem Gesamtbilde keinem zweiten Tier.
Es verdient, wenn eines, daß man ihm ein eigenes Haus baut, wo
es als Unikum herrscht. Was der Volksmund seit uralten Tagen
zu seiner Charakteristik versucht hat, ist doch nur Notbehelf. Die
Namen Nilpferd, Flußpferd spielen auf das Pferd an. Anatomisch
die denkbar schlechteste Vergleichung, die nur grob irreführen kann.
Lange habe ich sie auch rein physiognomisch nicht begreifen können,
bis mir eine gelegentliche Stellung, die das Nilpferd einnahm, den
Schlüssel, wie ich glaube, gegeben hat. Es gibt eine Art stückweisen
Auftauchens aus dem Wasser, wobei nur der dicke, stark gewölbte
Nacken, durch eine scharfe Falte gegen den Rückenansatz abgegrenzt,
und vom Kopf gerade eben die frei beweglichen Ohren und die frosch=
artig vorquellenden, wulstig umrahmten Augen sichtbar sind, während
die Schnauze unter dem Spiegel bleibt. In solchem Moment kommt
wirklich ein unverkennbarer Pferdezug in das Ganze. Der doch unbe=
haarte Schwartennacken mit seinem blanken Schillern könnte auch eine
angeklebte nasse Mähne sein, die so schillert. Unwillkürlich ergänzt
man zu den Augen in der Phantasie ein ganzes Pferdeprofil, und das
Seepferd ist fertig. Dabei ist die Stellung aber offenbar eine beliebte,
die einem ruhigen Umhorchen und Äugeln über die Wasserfläche weg
ohne größere Expositionsgefahr entspricht. Sobald freilich die wahre
Pottfischschnauze nachkommt, ist auch die leiseste weitere Illusion eines
Wasserpferdes unmöglich.

Das Nilpferd ist nach der einen Seite, das zeigt der oberfläch=
lichste Blick, eine echte und rechte Wasseranpassung. Es ist kein Tier,
das ein Bad liebt, sondern ein Wassertier im verwegenen Anpassungs=

sinne. Das Wasser hat es nackt gemacht bis auf ein paar vereinzelte
Borsten, in einer spiegelblanken Nacktheit, gegen die ein nacktes Nas=
horn etwa oder ein Elefant wie ein Baum mit schwerer Borke er=
scheinen, während hier das abgeschälte Glattholz offen zutage liegt.
Beim Nackten ist es aber nicht allein geblieben. An allen Ecken und
Enden hat das nasse Element auch an ihm jene auflösende, im eigent=
lichsten Sinne die Formen auseinander schwemmende Wirkung geübt,
die sich auch an anderen Gewohnheitsschwimmern mehr oder minder
deutlich zu äußern pflegt, — merkwürdigerweise übrigens stets stärker
bei solchen, die nachträglich erst wieder vom Lande ins Wasser zurück=
gegangen sind, als bei ursprünglich echten Schwimmern. Der Fisch
z. B. ist auch im kolossalsten Hai immer in seiner Art straff und
sozusagen stilvoll geblieben, während die großen Wale und Seekühe
an jenem auflösenden Prinzip zu Mißgestalten scheußlichster Art
geworden sind. Der Gipfel speziell beim Nilpferd ist das völlig auf=
geweichte, in Fleischwellen zerfließende Riesenmaul, von dem die Fetzen
und Wülste geradezu wie zerkocht herunterhängen, man meint, sie
kommen schon aus dem Wurstkessel. In dem Fleischstrudel scheinen
die Zähne nur noch wie lose verspülte Wracksparren herumzutreiben.
Gerade diese hochgradige Auflockerung bedarf aber auch wieder des
Wassers selbst als ergänzenden Haltes und Gegendrucks. Und der
Anblick wird erst wirklich abstrus und als Lebensform fast unerträglich,
wenn nun gerade das eintritt, was beim Walfisch wenigstens aus eigener
Absicht unmöglich ist: wenn nämlich diese sozusagen vom Wasser
angefaulte, aber immer auch wieder zusammengeschaukelte und in
Balance erhaltene Rohmasse sich dazu erhebt, selbsttätig aus dem See
oder Bassin aufs Trockene hinaufzuklettern, um sich nachträglich auch
noch als veritables Landtier zu produzieren.

Ein Grönlandswal, der sich auf vier kurzen, unter dem über=
quellenden Quetschleibe kaum noch sichtbaren Stempelbeinen plötzlich
aus der See herausmachte und landeinwärts erschiene, wäre ein gar
nicht zu fassender Spuk. Etwas davon bewährt aber das wasser=
entstiegene Nilpferd. Ja es bewährt es schon allein als aufbegehrender
Kopf im Bassin, in der hergebrachten Futterstellung, die sich jedem
Besucher so unvergeßlich einprägt. Die Fleischwülste scheinen jetzt
völlig haltlos dem abrinnenden Wasser nachzufließen, und die dicken
Zähne liegen wie Strandgut wüst herum. Kommt die ungeheure
Pflaume aber endlich vollständig aus dem Bassin, so präsentiert sich
erst das ganze Mißverhältnis in der Größe dieses Kopfes zum Körper,

das (besonders jetzt bei geschlossenem Maul) tatsächlich nur im Pott=
wal einen Vergleich findet. Der robbenhaft lange, walzenförmige,
tief herabschlotternde Leib aber steht noch wieder in gar keiner Proportion
zu den winzigen Beinen, die ihn doch fördern sollen. Gewisse Ansätze,
die Haut als Schwimmsegel zu den Beinen und über ihr Oberteil
fortzuziehen, so daß wirklicher Fischsäugetiercharakter entstände, sind
wie unfertig stehen geblieben und erhöhen nur die Unform, ohne sie
wenigstens einem ganz klaren Zweck einzugliedern. Die Schwarte
selber scheint durchlässig zu werden und ihr Blut auszuschwitzen; in
Wahrheit salbt ein roter Farbstoff aus Hautdrüsen die an der Luft
trocknenden Nacktflächen wohl mit irgend einem Schutzstoff ein. Und
erst allmählich, wenn die seltsame Maschine sich nun doch sogar ganz
gut auf dem Trockenen hin und herschiebt, beginnt man die Einzel=
heiten herauszufinden, die bezeugen, daß man zweifellos ein ursprüng=
liches Landtier vor sich hat, das in bestimmten Zügen schon einmal
durchaus fürs Land gebaut war.

Auch der Wal ist zweifellos vom uralten Landjäger ins Meer
zurückgewandert. Aber das muß bereits von sehr frühen, noch extremer
umbildungsfähigen Formen aus geschehen sein. Ich denke, wozu die
neuesten paläontologischen Funde aus Ägypten stimmen, von ältesten
Vertretern jener Mischgruppe von Cernays aus, die ein urraubtier=
haftes (kreodontisches) Gebiß führten. Das Nilpferd dagegen verrät
dem ersten tiefer prüfenden Blick, daß es, ehe es ins Wasser kam,
schon einen weiteren Spezialisierungsweg in die Obersäugetiere hinein
zurückgelegt hatte, dessen Erfahrungen es nie wieder rückgängig machen
konnte. Diese kleinen Stempelfüße da unter der langen Bauchwalze
demaskieren es unerbittlich. Trotz ihrer Schwimmhäute und Wasserweich=
heit führen sie nämlich kurze Hufe, und diese Hufe sitzen an einem
Fuß mit vier Zehen, die sich paarig in zwei mittlere, unbedeutend
längere und zwei seitliche, wenig kürzere, aber sonst ebenso starke
ordnen. Nicht ein indifferenter Urhufer, sondern ein echtes Huftier
auf der Paarzeherstufe steht also vor uns.

In die Hirschlinie und nicht in die Pferdelinie gehört der seltsame
Koloß!

Allerdings — und das ist für unseren Zusammenhang hier das
ganz verblüffende: er gehört in der Form hinein, daß er ein hirschhaft
paarzehiger Hufer ist, der doch heute noch alle vier Hufzehen fest
aufdrückt, also ausgesprochen jene Viererstation noch lebendig repräsentiert.

Von hier ab aber wird dann tatsächlich alles an ihm, Schlag

auf Schlag, für jenen Ideengang von einer alten Viererſtufe im Stamm=
baum des Hirſchs und ihren Vorausſetzungen bedeutſam.

Das Nilpferd iſt noch heute ein Paarzeher, der nicht bloß den
ſumpfigen Waldboden, ſondern geradezu den Sumpfſee ſelber als
Aufenthalt begünſtigt. Das Walddickicht hat es vertauſcht mit dem
Sumpfdickicht von Papyrusſtauden und Lotospflanzen, deren Wurzeln
direkt im Waſſergrunde ſtecken. Noch ſelbſt darüber hinaus aber iſt
ſein echteſtes Gebiet das tiefe, zum Schwimmen und vor allem zum
Tauchen geeignete Offenwaſſer endloſer blauer Seeflächen oder ſeehaft
verbreiterter Flüſſe geworden. Bei Sanſibar gehen die Nilpferde
ſogar ohne jede Angſt weit ins Meer hinaus. In dieſem ſeinem
Waſſer fühlt ſich der ſcheue und für gewöhnlich durchaus nicht an=
griffsluſtige Rieſe wirklich im Aſyl. Zum Angriff gereizt, kann er
ja wohl einmal wüten wie ein toller Stier, und dann zeigt ſich
auch, wie ſtraff er ſeinen wanſtigen Schaukelleib doch noch unter Um=
ſtänden in der Gewalt hat. Aber ohne Not und beſonderen Zwang
durch die nervös machende Schießgewehrplackerei lebt er in ſeinen
tropiſchen Papyrusſeen das gleiche Phlegma der weidenden Kuh
aus, das uns im Zoologiſchen Garten bald langweilt, bald gemütlich
ſtimmt, wenn der Behemoth immer und immer wieder dem Beſucher
futterbettelnd ſein Pottfiſchſchmaul aufklappt und über jede Gabe mit
einem langſamen Schlag des ungeheuerlichen Nußknackers unter be=
haglichſtem Schnalzen quittiert. Geſegnet wie ſein Appetit, iſt ſeine
Verdauung, die nur dadurch unbehaglich wird, daß er ihr Produkt
mit dem Schwanz weit herumquirlt, als gälte es mit einer Jauche=
pumpe ein möglichſt weites Gebiet zu bedenken. Wo die Waſſer=
flächen ſeiner Heimat ihm genügende Pflanzeninſeln für dieſen Appetit
(der an die fünfzig Zentner Körpergewicht im alten Bullen auf
dem status quo halten ſoll!) gewähren, da hat er auch keinerlei
Bedürfnis, das Aſyl jemals zu verlaſſen. Und nur bei weniger
fetter Waſſerweide wagt er ſich nächtlicherweile ſo vorſichtig, wie
ein äſender Hirſch aus dem Wald in die Wieſe rückt, in die nahen
Urwälder und Kulturen hinein, um ſich dort ſatt zu freſſen, aber
vor Tag wieder im feuchten Verſteck zu verſchwinden. Eigentliche
Steppenausflüge ſind auch das noch nicht, ſondern durchweg nur
Exkurſionen in den weiteren Sumpfrand und Waldſaum, die für
Tiere mit hirſchhaften Gewohnheiten ſelber noch echtes Aſyl wären.
Auch die Lebensweiſe würde alſo in allem weſentlichen noch dem ent=
ſprechen, was wir uns für einen vierhufigen „Vorhirſch“ dachten.

Und zugleich würde das Extrem der „Flucht ins Wasser" einen guten Fingerzeig geben, wie eine solche Form sich durch den Wechsel der Dinge bis heute lebendig und doch uraltertümlich, als überlebende Vorstufe, erhalten konnte. Was an anderer Stelle für die vorweltlichen Schnabeltiere und Beuteltiere ihr Australien, das wäre für diesen nilpferdischen „Vorhirsch" sein Wasser gewesen.

Jeder noch nähere Blick auch auf das Nilpferdskelett führt aber in der Linie unaufhaltsam weiter. Der vierhufige Fuß ist nicht etwa bloß ein moderner echter Hirschfuß mit zwei zum Sumpfzweck nachträglich wieder vergrößerten Afterklauen. Durch und durch noch primitiv, noch Urform ist vielmehr der gesammte Extremitätenbau. Ist das seitliche Zehenpaar etwas kürzer, so bleibt es doch dabei, fern ab von jeder Klunkerneigung, genau so robust wie das Hauptpaar. Noch ist keine Rede von jener „Verbeinung" der Füße, die heute für Hirsch wie Pferd so charakteristisch erscheint. Diese vier Füße setzen zwar nicht mehr mit der ganzen Sohle auf, aber noch fehlt völlig die Verwachsung ihrer Mittelstrahlen, an denen das Hauptzehenpaar sitzt, zu einem hirschhaften Kanonenbein. Schön getrennt liegen diese Knochen da. Rechts und links aber schmiegen sich an sie nicht Griffel oder Griffelreste als letzte Spur der Strahlen, die zu dem kleineren Zehenpaar leiteten: auch diese Strahlen sind noch in voller eigener Kraft am Ort. Am wirklichen Unterbein erscheinen vorne Elle und Speiche, hinten Schienbein und Wadenbein noch alle vier entwickelt, während der Hirsch von heute auch da zu Reduktionen, zu Beschränkung auf den Hauptknochen und zu Griffelhaftigkeit des Nebenknochens neigt.

Ein kleiner Zug könnte dabei noch zu denken geben. Der Mittelfinger in dem Hauptpaar ist nämlich unbedeutend länger als sein Partner. Sollte hier eine so uralte Reminiszenz stecken, daß sie geradezu noch auf einen alleranfänglichsten Stand deutete, wo Paarzeher und Unpaarzeher sich noch gemischt hätten und auch in den Paarzeher noch schwache Andeutungen eingegangen wären von einer ganz entlegensten Säugetierhand, in der allgemein dieser Mittelfinger etwas an Länge (nicht Stärke) überwogen hätte? Ich glaube jedoch nicht, daß man so weit zu träumen braucht: hier scheint sich mir viel eher auch nur eine spätere Wasseranpassung eingemischt zu haben. Ganz konnte das (immerhin etwas abnorme und individuelle) Leben in diesem Element ja auf die Dauer auch nicht an dem zähesten Urweltler hingehen, ohne seine Spur ins Skelett zu prägen. Und wer

gewohnheitsmäßig schwimmt, der muß zuletzt irgendwie erfahren, daß
der neue Zwang der Schwimmgesetze auch das strengste hergebrachte
Knochengebot in etwa biegen, also selbst beim schönsten Paarzeher
auch einmal das Ebenmaß des Hauptfingerpaars ein klein wenig zum
Zweck besserer Ruderhaltung stören kann.

Solche „Wasserverschiebung" hat in gewissen Zügen offensichtlich
ja auch das Gebiß unseres Behemoth erfahren. Wenn er sein Pott=
fischmaul so aus dem Bassin klaffen läßt, ist es, wie gesagt, eine rechte
Hieroglyphe, dieses Gebiß. Sobald man sich aber einmal notdürftig
zurechtgefunden hat, staunt man zunächst auch da über das „Alte"
gegenüber dem heutigen Hirsch. Trotz seiner klaffenden Lücken, trotz
der Unform seiner Einzelglieder ist das Gebiß in den grundlegenden
Zahnsorten noch vollständig. Nicht nur unten, sondern auch oben
stehen noch Schneidezähne. Die Eckzähne ragen noch in eigener Kraft,
zumal unten. Und die Backenzähne — wie glänzend wirkt doch diese
Probe auf das ganze Exempel — sind noch heute „bunodont", sie tragen
die Vierhöckerkrone des alten Allesfressers statt der heute so anders=
artigen Baumethode beim Hirsch. Und das Nilpferd ist denn auch
noch kein Wiederkäuer wie dieser Hirsch von heute. Soweit stimmt
alles. Nun freilich muß man auch hier die „Wasserzutaten" in Be=
tracht ziehen als das individuell wieder nilpferdische ohne Ahnenzüge.
Man sieht auf das Walten einer Naturmacht, die geradezu grausig
mit diesem Ursprungsgebiß gewirtschaftet hat. Die großen unteren
Schneidezähne liegen fast platt hingepfählt im Maul. Die unteren
Eckzähne dagegen sind zu kolossalen, im Höchstfalle rund halbmeterlang
ragenden krummen Prismen mit schräger Stutzfläche oben geworden,
ein groteskes Werzeug, das so nicht seinesgleichen im Säugerbereich
hat. Die Umbildungsprozesse, die hier walten, sind oder waren bis
vor kurzem wenigstens offenbar noch immer im Gange. So zeigt sich
in den Schneidezähnen eine Tendenz zum wachsenden Schwunde in
der Zahl, aber charakteristischerweise unten so gut wie oben. Noch
im letzten Drittel der Tertiärzeit hatten die indischen Nilpferde von
damals oben wie unten je sechs Schneider. Der heute lebende all=
bekannte Afrikaner führt nur mehr vier, eine kleinere Nebenform in
Liberia aber in vielen Fällen unten nur noch zwei. Man denkt un=
willkürlich an gewisse Seekühe, die gar keine Schneidezähne, die Grön=
landwale, die überhaupt keine Zähne mehr besitzen. Wasser! Das
Wasser gibt immer weichere Nahrung! Beim Nilpferd kann man aufs
allerdeutlichste sehen, wie sein Vordergebiß heute wesentlich Schaufel,

Hebel, Reißhaken zum Losarbeiten und Hochraffen flottierender, in der
Tiefe wurzelnder Wasserpflanzen geworden ist. Ballenweise holt es
sich tauchend die Unterwasserflora herauf und hält dann an der Ober=
fläche behaglich sein Mahl.

Dazu gehört nun freilich, daß unser Behemoth (wie die Bibel be=
kanntlich das Nilpferd nennt) gegenwärtig echter und rechter Nur=Pflanzen=
fresser ist. „Er frisset Gras wie ein Ochse", übersetzt Luther jene Stelle im
Hiob, die ihn betrifft. Das ist gewiß sehr seltsam, — bei einem rein
bunodonten Gebiß! Ich bin geneigt, dieses Pflanzenfressen wesentlich
doch auch auf Kosten des Wasserlebens zu setzen. Vielleicht ist es so
erst ein relativ jung erworbener Zustand. Paläontologisch wissen wir
ja nicht viel von den älteren Nilpferden und ihrer Lebensweise. Viel=
leicht ist es so jung, daß es seither noch nicht vermocht hat, das alte
Allesfressergebiß in den Backzähnen zu modeln. In anderen Körper=
merkmalen glaubt man allerdings schon seine eingreifende Hand zu
sehen. Die oberen Schneide= und Eckzähne fehlen zwar dem Nilpferd
nicht, sind aber doch schon merkbar schwächer gegen die unteren Mittel=
schneider und Hauer. Der Magen ist ganz gewiß kein echter Wieder=
käuermagen geworden, erscheint aber merkwürdig lang gestreckt und
hat eine grobe Dreiteilung, die ganz so aussieht, als bestände heute
mindestens ein Zug zur Wiederkäuerwerdung in ihm.

Wie man sich diese einzelnen Abirrungen vom Hauptbilde aber
nun deute: in der Grundsache bleibt das überaus Lehrreiche, daß
unser Nilpferd noch heute jenen Vor=Hirsch, wie wir ihn theoretisch
suchten, leibhaftig vor Augen stellt. Seine kolossale Größe tut dem
keinen Eintrag. Wenn wir parallel zu den fuchshaften Vor=Pferdchen
auf dem anderen Huftierflügel auch die echten eozänen Vor=Hirsche
am liebsten in bescheidenen Körpermaßen denken möchten, so kommt
uns die Tatsache entgegen, daß es auch kleinere Nilpferde gibt und
gegeben hat. Zur rechten Überraschung der Tierkundigen hat der
Sammler Büttikofer in den achtziger Jahren Häute und Skelette eines
ausgewachsen bloß schweinegroßen und bloß ein paar Zentner schweren
Miniaturnilpferds aus den Sumpfwäldern von Liberia in einige be=
vorzugte europäische Museen gebracht. An den ausgestopften Exem=
plaren dieses Liberia=Nilpferds, die ich in London und Genf gesehen
habe, erschien neben der allgemeinen Kleinheit noch wieder der
Schnauzenteil des Kopfs auffällig winzig, während die Augen krötenhaft
vorquollen. Der Pottfisch=Zug, der an unserem kolossalen Behemoth
so hervorstechend ist, schien hier also wenigstens äußerlich so gut wie

ganz zu fehlen. Die Republik Liberia iſt auf ihren Zwergbehemoth
ſo ſtolz, daß ſie ihn ſogar auf ihren Freimarken führt, im übrigen
weiß man aber bis heute nicht viel von ihm. Ähnlich winzige
(wenigſtens neben dem heutigen Koloß des tropiſchen Nilgebiets lili=
putiſche) Arten haben auf der Grenze von Tertiärzeit und Diluvial=
zeit im Mittelmeergebiet gelebt, ihre zwerghaften Knochenreſte, die man
rein den Maßen nach zunächſt auf Schweine beziehen würde, finden
ſich zahlreich in Sizilien, auf der Inſel Malta und ganz beſonders
auf Zypern. Vielleicht hat allerdings im letzteren Falle auch mit=
gewirkt, daß altes Feſtland, das urſprünglich von Afrika nach Süd=
europa reichte, allmählich zu Inſeln zerriß. Auf Inſeln ſcheinen
abgeſperrte große Säugetiere ja häufig jenem ſeltſamen Prozeß der nach=
träglichen körperlichen Zwergwerdung zu unterliegen, von dem die
Ponyraſſen des Pferdes und die kurzbeinigen Hirſche Sardiniens
Proben geben. Jene Miniatur=Nilpferdchen begegneten ſich damals
auf Malta mit Zwergelefanten von kaum anderthalb Meter Höhe.
Jedenfalls muß das eine kurioſe Geſellſchaft geweſen ſein.

Paläontologiſch iſt das intereſſanteſte bisher bekannt gewordene bei
dem Nilpferdvolk, wie weit es noch in relativ naher geologiſcher Zeit über
die ganze alte Welt verbreitet geweſen ſein muß. In Afrika ſelbſt
iſt es nicht nur ſozuſagen erſt unter unſeren Augen aus dem ägyp=
tiſchen Nilgebiet verſchwunden, ſondern es hat auch bis mindeſtens
dicht an unſere höhere Kultur heran noch auf Madagaskar neben den
wunderbarſten Rieſenvögeln, Rieſenhalbaffen und Rieſenſchildkröten
in einer (auch ſehr kleinen) Form gelebt. Gleichzeitig mit jenen
Malteſer und zypriſchen Nilpferdchen gab es noch große Behemoth=
geſchlechter in Algier und andere über Italien bis tief nach Mittel=
europa und gar nach England hinauf. Ein ganz beſonders fo=
loſſaliſches „Groß=Nilpferd“ machte bis in den Beginn des eiszeit=
lichen Klimawechſels unſere europäiſchen Seen und Flußbreiten im
Arno=, Rhein= und Themſe=Gebiet ebenſo unſicher, wie heute unſer
überlebender Behemoth den Viktoria Nyanza, und ließ ſich wohl erſt
durch die hereinbrechende wirkliche Schauerkälte vertreiben. Auch was
man eine Weile irrtümlich geglaubt hat (auf Grund von Verwechs=
lungen wohl hauptſächlich mit dem indiſchen Tapir): daß Nilpferde
lebend in Südaſien vorkämen, hat ſich wenigſtens paläontologiſch
bewahrheitet; maſſenhaft haben ſie in der ſpäteren und ſpäteſten
Tertiärzeit in dem ſeenreichen Vorlande des heutigen Himalayagebiets
gehauſt, und ſelbſt der berühmte „Affenmenſch“, der Pithekanthropus,

muß ihnen auf seiner Insel Java noch gewohnheitsmäßig begegnet
sein. Nur nach Amerika ist, scheint es, niemals auch nur ein einziger
Behemoth ausgewandert, eine recht sonderbare Tatsache, wenn man
sonst an das Hin und Her der Tierwelt auf allen Landbrücken quer
über den Atlantischen Ozean oder die heutige Behringsstraße denkt,
wie es z. B. in der Geschichte der Pferde so auffällig hervortritt.
Man möchte vermuten, lange Zeit sei dieser verspätete Vorhirsch mit
seinem Viererfuß doch auch rein örtlich auf irgendein isoliertes Asyl
beschränkt geblieben, wo er sich halten konnte; dort habe er sich ans
Wasser gewöhnt, und dann sei er später von gewissem Zeitpunkt an
mit diesem Wasser in Fluß= und Seenetzen zwar noch einmal weit
ausgestrahlt, aber doch nicht mehr bis in die neue Welt gekommen,
zu der vielleicht jetzt bloß Steppenländer führten, die von Pferde=
scharen leicht, von Nilpferden aber niemals mehr genommen werden
konnten. Für die Geschichte unserer Vorweltkunde ist das Auftauchen
riesiger fossiler Nilpferdhauer mitten in Europa jedenfalls ein bedeut=
sames Moment gewesen, das früh den Blick für geologischen Wandel
der Dinge hat schärfen helfen.

Über das letzte Drittel der Tertiärzeit, das sogenannte Pliozän,
rückwärts hinaus wird leider, wie gesagt, die Spur des Nilpferds
verwischt. Den Ort, wo seine älteren Vertreter lebten, haben wir
offenbar noch nicht aufgegraben. Immerhin darf man auch dazu noch
einen Schluß aus seinem heutigen Körperbau wagen. Das Nilpferd
verkörpert nicht nur selber eine stehengebliebene Urstufe des Hirschs,
sondern es schließt gleichzeitig an bei einem zweiten lebenden Tier,
das abermals in der aufsteigenden Linie zu diesem Hirsch ganz unan=
zweifelbar eine entscheidende Rolle gespielt hat, und dieser Anschluß
muß sicher auch paläontologisch irgendwie zum Ausdruck gekommen
sein, wenn wir ihn auch durch versteinerte Knochen vorläufig nicht
belegen können. Auf dieses zweite Tier, wenn es doch auch noch lebt,
muß sich aber jetzt unser ganzes Interesse konzentrieren.

Wer weiß es nicht: dahin sind heute die goldenen Tage unserer
eigentlichen Hochjagd in Europa. Der vorgeschichtliche Jäger der
Diluvialzeit jagte bei uns wohl noch das Nilpferd selbst, jedenfalls
in Masse später den Elefanten und das Nashorn auf französischer
und deutscher Erde; zuletzt hat er in Spanien noch Prärie=Bisons
zu Paaren getrieben, wie seine köstlichen Tiergemälde in der Höhle
von Altamira zu genüge erweisen. Seitdem haben wir aber einen
Zusammenbruch über den andern. Das große Jagdwild stirbt aus.

Wildpferde und Wildſtiere ſind noch auf der Schwelle der Neuzeit
verloren gegangen. Von den letzten großen Wildſchafen und Wild=
ziegen unſeres Erdteils, Mufflon und Steinbock, iſt bereits fraglich,
ob ſie in ihren überlebenden kargen Reſten noch zu retten ſind.
Bedroht iſt unſere letzte Antilope, die Gemſe, ein Schatten nur noch
iſt der Elch. Der Bär mußte im Norden der Kultur ſo notwendig
weichen wie im Süden der Löwe. Ob unſere Enkel überhaupt noch
ein großes Wildtier im Lande haben werden, iſt eine Frage unſerer
Waldkultur. Wenn unſere Kultur nicht Mittel und Intereſſen findet,
den europäiſchen Wald zu retten, müſſen wir in dieſer Hinſicht ſehr
bald für unſeren Kontinent reſignieren. Und zwar gilt es nicht bloß,
Parkwälder zu erhalten. Es wird ſich fragen, ob wir gewiſſe Wald=
gebiete, beſonders die unſerer Gebirge, als dauernde Schutzſtätten
für wirkliche urwüchſige Natur innerhalb unſeres Kulturlandes inſel=
artig iſolieren und bewußt weiterhalten können oder nicht. Rein
materielle Forſtintereſſen können hier nicht die letzte Entſcheidung
geben. Es müſſen noch andere menſchliche Intereſſengebiete auf die
Dauer herangezogen werden, von deren Stärke das Reſultat ſchließlich
weſentlich abhängen wird. Wenn man Naturgenuß, Naturfreude
und andererſeits eine wiſſenſchaftliche Hingabe an Naturbeobachtung
auch ohne direkten materiellen Momentzweck unter die Luxusdinge
der Menſchheit rechnen will, ſo wird ſich fragen, inwieweit unſere
fernere Kultur ſich ſolchen „Luxus" leiſten und für ihn koſtbaren
Erdenraum vergeben kann. Auf der Zukunft dieſes Problems ſteht
im Grunde aber auch ſchon unſere Jagd ſelbſt, die ſich wenigſtens
in unſeren engeren Kulturländer längſt aus dem Stadium des Erwerbs,
etwa des Nahrungserwerbs, herausentwickelt und an unſere kulturellen
Luxuswerte angeſchloſſen hat; Luxus im Wortſinne von allem ge=
braucht, was nicht bloß füttert oder kleidet, ſondern rein geiſtigen
Höhenwerten und Glückswerten entſpricht.

Laſſen ſich alle dieſe Dinge aber wirklich, wie ich hoffe, noch einmal
im Guten regeln, ſo wird es nur für zwei letzte große Wildformen bei
uns die endgültige Rettung ſein, zwei Formen, die gegenwärtig noch
ſtark und vielköpfig genug ſind, um aus ſich heraus jedenfalls die
Möglichkeit einer ſolchen Dauerrettung zu garantieren. In der letzten
ganz ſtattlichen Großform iſt das der Hirſch in ſeinen uns geläufigen
mitteleuropäiſchen Jagdformen. In einer kleineren, aber doch auch
noch ſehr wirkſamen iſt es unſer wildes Schwein.

Unſere beiden letzten ſtattlicheren Wildtier= und Waldtierreſte!

Unwillkürlich wird man bewogen, gerade sie zu vergleichen. Das
Schwein in unseren Wäldern ist zwar kein so reines, typisches Wild
mehr für uns wie Rothirsch oder Reh; es hat schon einen Kultur=
ableger, Kulturrivalen. Es ist bei uns bloß noch eine wilde Variante
des Kulturschweins, das wir auch ohne Wald und Wildnis um uns
sehen würden wie das heutige Pferd, wie Ziege oder Schaf. Aber
das ist es doch nicht allein, was bedingt, wofür wohl jeder Jäger
Zeuge sein wird: den ganz außerordentlichen Kontrast von Hirsch
und Wildschwein im gleichen Milieu unserer Wälder. Es ist der
stärkste physiognomische Kontrast, den man sich vielleicht von zwei
Tieren denken kann, wenn man von vorne herein zugibt, daß es sich
nicht um Gegensätze wie Vogel und Säugetier oder selbst wie Fuchs
und Reh handeln kann, sondern daß man vor zwei Vertretern der
Huftiere steht, die in gewissen Zügen im Waldbilde eigentlich not=
wendig nebeneinander gehören. Um den Vergleich richtig zu stellen,
muß man auch von der Karikierung des Schweins absehen, die unser
Kulturschwein als Haustier erfahren hat. Das Hausschwein ist unser
extremstes Schlachttier, reines Schlachttier. Wir haben es daraufhin
zur wandelnden Wurst, zum Fettmonstrum erzogen, das überhaupt
keine einheitliche Naturform mehr hat und nur in der Hut des
Menschen in dieser Ungestalt möglich ist, der es soundso lange nudelt
und dann in wirkliche Wurst verwandelt. Gewiß muß auch von
Natur etwas in ihm gesteckt haben, was gerade dieser Verwertung
entgegen kam: ein Zug zum extremen Fresser und Fettspeicherer. Aber
so, wie es sich natürlich gibt, ist das Wildschwein unseres Waldes
doch ein himmelweit anderes, ein noch durchaus straffes, ganzes und
ausgearbeitetes Geschöpf, das weitab von jenem Zerrbilde physiognomisch
seinen Mann steht. Ein alter Keiler da draußen in seiner Kraft
mag ein borstiger Teufel sein für den Anblick; aber lächerlich, kari=
katurenhaft wie ein zahmes Mastschwein ist er ganz gewiß nicht.
Dann aber erst recht, vor solchem Prachtexemplar seiner Rasse hier
und einem Prachthirsch dort: was für ein schier unüberbrückbarer
Unterschied. Beide in ihrem Typus glänzend herausgearbeitete Ge=
schöpfe, die ein zufälliges Schicksal vereinigt hat, stehen sie doch wie
die Ausläufer zweier extrem verschiedener Welten da.

Mit dem Auge der Romantik (das im echten Künstler niemals ein
schlechter Naturbeobachter ist) angesehen, hat der Hirsch selbst in der
scheuesten Hindin, die sich flach durch das Laubdickicht drückt, etwas
von einem Lichtgeist des Waldes. Aus der Wildsau wird man immer

nur einen Gnom, einen Erdgeist des Forstes machen können. Er ist
kurzhalsig, bucklig und bärtig, zum schwarzen Boden gehörig, nach
unten orientiert. Der Hirsch hat ein schönes, wie geschliffenes Gesichts=
profil, das Schwein ist Nase, Riesennase, häßliche, aufgeblasene Nase.
Am Hirsch ist der Kopf auch ohne Geweih eine edle, feine, aufs
glücklichste proportionierte Krone des mächtigen, weit ausladenden
Körpers; am Schwein ist der Nasenkopf die voraufwandelnde Masse,
der ein vernachlässigter, viel zu rasch abschneidender Körper folgt.
Der Hirsch hat einen Nacken, von dem der Hals in schönem Ornament
aufbiegt; das Schwein hat einen Buckel, von dem es beiderseits abwärts
geht. Der Hirsch hat im stolzen Mannestypus eine Mähne, das
Schwein einen Wirbelschopf. Dort das gepflegteste Krafthaar, hier
wüste Borsten. Eine direkte Schönheit des Hirschs ist sein Hinter=
teil; hier steckt in der Zeichnung, bei den verschiedenen Arten wechselnd,
eine gewisse Koketterie geradezu, die ihre Reize spielen lassen will;
der Affekt äußert sich durch das eigenartigste Mienenspiel, dem man
immer wieder zusehen mag. Indem die abweichende Färbung dieses
„Spiegels" aber nicht an der grellen Nackthaut haftet wir beim Affen,
sondern in den diskreten Wirkungen von Pelzfarbe bleibt, entsteht
trotz der Lage kein widerwärtiges, kein durch Menschenanalogie anstößiges
Bild. Im wahren Sinne „kallipygos" sind die meisten Hirscharten.
Das Wildschwein wirkt nach hinten zu wie verkümmert, wie unvoll=
endet. Über das Schweineschwänzchen besteht von je bei uns eine
leise Heiterkeit. Es ist ein Witz der Natur. Wobei wir allerdings
meist noch an das zahme Schwein denken, das diese humoristische
Arabeske an einem im ganzen fleischfarbig nackten Körper von mon=
strösen glänzenden Kugelwölbungen zu tragen pflegt, die dem gesamten
Tier etwas von einer unanständigen und unappetitlichen Entblößung
geben. Der Hirsch ist, wenn er nicht seinesgleichen jagt oder gejagt
wird, ein eleganter Schreiter, ein Wandler im größten Sinne. Auch
wenn er sich rasch und nervös bewegt, bleibt er stets in fließenden
Linien, die das Auge angenehm mitnehmen. Wenn man im Zoologischen
Garten von den Hirschgehegen kommt, so ist man voll von Bildern
prachtvoller Biegungen, feinster wellenhaft gegliederter Knickbewegungen.
Es gibt keinen grelleren Kontrast als dann vor den Schweinehäusern.
Alle Schweine sind Drängeler, mit lauter unregelmäßigen Stoß=
bewegungen. Während die Hauptmasse des Körpers starr bleibt, voll=
führt die Rüsselnase eine Unmasse unberechenbarer Wendungen ohne
eden Stil, ein unaufhörliches Wetterleuchten, hinter dem man wohl

einen geweckten, unruhigen, beſtändig anteilbereiten Geiſt merkt, aber
nicht die Spur von Grazie. Das Schwein hat in ſeinen Bewegungen
unbedingt mehr etwas von gewiſſen Raubtieren, bei denen alles auf
den Kopf und ſeinen Biß konzentriert iſt, während beim Hirſch immer
der geſamte Körper ſpielt, ſelbſt wenn er mit dem Kopfgeweih
angreift. Die Wildſau hat unbedingt einen gewiſſen Zug vom Bären,
der vielleicht das Muſter eines disharmoniſch bewegten Tieres iſt.
Auch der Hirſch iſt ein Sumpfſtapfer, aber doch ein radikal anderer
als das Schwein. Das Schwein wirtſchaftet und wühlt, zerrt im
Boden und ſchmeißt herauf, wohin es kommt. Es ſteigt aus dem
Sumpf, um alles um ſich her zum Sumpf zu machen. Schnee, Sand,
Ackerboden, alles wird unter ſeiner Arbeit zum Chaos. Aufreißen,
von unten nach oben, mit Rüſſel wie Hauern, iſt ſein Element, vom
Trüffelboden bis zum Menſchen oder Hunde, dem der Keiler mit
tückiſchem Angriff den Bauch aufſchlitzt. Für ſeine geborene Sumpf=
natur, die nicht über den Sumpf ſchreitet, ſondern ſich in ihm wälzt,
gibt es keinen Schmutz, auch den eigenen nicht. So iſt die Schweinenatur
ſprichwörtlich für ein achtloſes Sichgehenlaſſen geworden, das auf kein
Tier vielleicht weniger paſſen würde als auf den Hirſch. Auch da kommen
aber nur wieder ſo grundandersartige Gewohnheiten bei beiden zum Aus=
druck: der Hirſch huldigt bis zum Extrem der ſauberſten Nahrung,
Pflanzenfreſſer ohnehin, wie er iſt; das Schwein holt nicht nur die
Maus aus ihrem Loch, den erdbrütenden Vogel vom Neſt, den fetten
Wurm und Engerling aus ſeinem feuchten Grunde, es geht auch auf
Aas neben aller eigenen Pflanzenkoſt, es frißt den Hirſch ſelber an,
der im Forſt wund oder verendet liegt. Hier ſteckt wirklich ein echtes
Stück Raubtier in ihm, und es gibt ihm in vielen Momenten immer
auch das Aktive, Aggreſſive des Raubtiers. Wenn der Hirſch angreift,
ſo hat das wohl auch etwas Raſendes, aber es iſt ſtets ein Stück
momentaner Brunſtraſerei dahinter; dazwiſchen liegen dann wieder
auch beim Manneshelden hier die geſchwächten, die ſcheuen Zeiten.
Wenn der wilde Keiler angreift oder die ſtreitbare Bache ihre Jungen
verteidigt, ſo kommt bei aller Huftierart doch ein ganz anders rauf=
luſtiges Grundnaturell zutage, ein Zug vom böſen biſſigen Hunde,
der eigentlich immer ſehr gern darauf geht, wenn es ihm auch in
vielen Fällen die Klugheit verbietet. Denn klug iſt das Schwein,
wenn es nicht kulturell verfettet iſt; ich meine klüger als der Hirſch,
der ſeine Kraft zu ſehr in der Liebe austollt, als daß man ihn im eigent=
lichen Sinne unter die rein egoiſtiſch klugen Tiere rechnen könnte. Ich

halte es durchaus nicht für eine unberechtigte Vermenschlichung, sondern glaube, es kann immerfort im Zoologischen Garten wieder beobachtet werden: die Schweine sind, so wild auch ihre eigene Rauschzeit verläuft, immerzu Realpolitiker des praktischen Lebens, während der Hirsch etwas von jenem Menschentypus hat, der als verliebter Eroberer elementargewaltig und genial erscheint, dafür aber im gemeinen Leben durchaus kein Mann der Initiative ist.

Man mag diese Gegensätzlichkeiten weit und immer weiter ausspinnen: es gibt doch zuletzt eine Stelle, wo sie enden müssen. Auch der borstige Waldgnom, die Wildsau, hat einen Fleck am Leibe, wo man bei ihm von zierlichem Bau sprechen darf. Sein Nasenkopf, sein buckliger Zwergenleib schweben über vier Füßen von auffällig feiner, eleganter Art, die wie aus einer andern Werkstatt hierher vertauscht erscheint. Das Märchen erzählt von Zwergen, die auf nächtlichem Zuge ihre Fußspuren eingruben: es waren nicht derbe Patschen, sondern unerwartet die feinen Krakel von Hühnerfüßchen. Wenn man der Spur der Wildsau im Sumpfboden folgt, so erfährt man eine ähnliche Überraschung. Und nun ist es doch die Welt des Hirschs, an die das Schwein hier rührt! Der gleiche Paarhuf hat sich eingeprägt. Der Laie könnte die Spur sogar direkt mit der des Hirschs verwechseln, wenn die geringe Schrittweite nicht auffiele. Auch das Schwein ist nicht nur ein Huftier, es ist auch ein Paarzeher unter solchen.

Und von dieser schlichten Spurähnlichkeit aus umgreift nun trotz allem eng und enger ein gemeinsames Band die beiden großen Wildreliquen unseres Waldes. Das Schwein gehört weit, weit näher zum Hirsch als das Pferd. Irgendwo muß der Stammbaum beider sich eng berühren, muß zusammenwachsen. Wenn etwas wie darwinistisches Jägerlatein klingt, so ist es ja: das Wildschwein sei eine Vorform des Hirschs; auch in ihm lebe eine Stufe der Hirschwerdung; in einem gewissen wichtigen Sinne gesagt: auch das Schwein sei ein auf unfertiger Entwickelungsstation stehen gebliebener und dort für sich spezialisierter Urhirsch. Wir haben aber den grotesken Riesen aus dem Viktoria Nyanza, das Nilpferd, schon als solchen Vor-Hirsch entlarvt, so soll uns auch vor diesem Wagnis im deutschen Wald nicht bange werden.

Gleich die Fährten geben noch einen Fingerzeig weiter. Hirsch und Schwein, wie gesagt, setzen fast zum Verwechseln auf, das grobe Schwein genau so graziös in den Ballen und Schalenwänden des

entscheidenden Hufpaars, offensichtlich auch hier der dritten und vierten
Hufzehe wie der Hirsch. Wenn am gleichen Fleck ebenso steil ein
Nilpferd gewandelt wäre, so hätten sich vier solcher Hauptspuren tief
abmalen müssen, zwei etwas in der Länge voraus, zwei andere aber
ebenfalls noch in voller Kraft danebengedrückt. Von diesem Vierer=
fuß, wissen wir, hat der Hirsch dann das kürzere Zehenpaar zu After=
klauen verkümmern lassen. Nur bei gewissen Situationen stoßen die
Spitzen der nebensächlichen Klunker auch bei ihm noch einmal mit an
den Boden, so daß sie auch in der Hirschfährte sich noch schwach
abprägen. Gelegentlich, z. B. beim Renntier, geschieht das sogar etwas
regelmäßiger, aber um verkümmerte Klunkerzehen handelt es sich doch
auch dort. In der Schweinefährte dagegen muß auffallen, daß auf
einigermaßen weichem Boden, der überhaupt scharfe Spuren gibt, stets
hinter dem Doppelsiegel der beiden Haupthufe je auch noch ein kleiner
Petschaftabdruck der Afterklauen mitgeht. Die Vermutung muß sich
also regen, daß bei diesem Schwein diese Nebenklauen noch allgemein
stärker entwickelt seien als beim Hirsch, wenn schon gewiß nicht mehr
so wie bei dem richtigen Vierhufer Nilpferd. Und der erste Blick
auf das Skelett des Schweinefußes zeigt dann, daß es sich nicht etwa
auch bloß um eine etwas verbesserte Sumpfspreize handelt. Son=
dern der gesamte Fußbau enthüllt sich plötzlich als die prächtigste Ver=
mittelungsform zwischen dem noch ganz urtümlichen echten Viererfuß
und dem hirschhaften Zweierfuß. Wieder einmal offenbart sich das
Prinzip des langsamen Übergangs in der Natur am sinnfälligen Bei=
spiel und zwar am noch heute lebendigen.

Jene Verbeinung des Fußes ist beim Schwein unverkennbar
bereits ein Stück über das Nilpferd vorgerückt. Schon erscheint der
Mittelfuß länger, schlanker, im Ganzen beinähnlicher. Aber noch
immer verschmelzen die Mittelstrahlen der beiden Hauptzehen nicht
richtig zu einem einheitlichen Kanonenbein. Bei dem Wildschwein
unserer Wälder geschieht sogar noch nicht einmal ein Ansatz dazu,
während bei gewissen amerikanischen Schweinen wenigstens in der
Nähe der Hinterfußwurzel eine teilweise Verwachsung sich anbahnt und
aufs hübscheste den noch flüssigen Übergang markiert. Schon ziehen
die beiden Nebenzehen sich so merkbar zurück, beginnen so klunkerhaft
zu schweben, daß von einer echten nilpferdhaften Viererstufe trotz ihrer
häufigen Bodenberührung sicherlich keine Rede mehr sein kann. Aber
zugleich sind Dinge beim Schwein hier allgemein noch da, die über=
haupt Bedenken gegen das ganze Wort „Afterklaue" bei ihm erregen

müssen. Überall nämlich, wo die Nebenzehen noch vorhanden sind, da wahren sie, anstatt frei oder an Griffelresten zu hängen wie beim Hirsch, heute noch ihren ganzen eigenen Mittelfußstrahl. Wenigstens im Mittelfußteil ist also der Schweinsfuß wirklich und wahrhaftig noch ein Viererfuß! Und so hält dieser Schweinsfuß in der drastischsten Weise die fast mathematische genaue Entwickelungsmitte zwischen einem nilpferdhaften Fuß und dem Hirschfuß.

Wo sind die zum Darwinismus nötigen Übergangsformen, wird so oft gefragt. Man verweist zur Antwort durchweg auf die Urwelt. Aber die Überlieferung der urweltlichen Formen ist lückenhaft. Vieles bei ihnen ist nur Vermutung. So findet gelegentlich die Behauptung immer wieder Raum, es fehlten rätselhafterweise diese Übergangsformen. Vor einiger Zeit erhielt ich von einer angesehenen großen Zeitschrift die Aufforderung, in einem Aufsatz das Publikum darüber aufzuklären, wie der Darwinismus sich zu diesem Faktum des Fehlens aller Vermitt= lungen stelle. Ich antwortete, daß ich nicht über eine Sache Auf= klärung geben könne, die als solche falsch sei. Darauf verzichteten die Leute; sie hatten die Glocken läuten hören und fühlten sich ihrer Sache sicher. Wenn ich ihnen geschrieben hätte, sie sollten einen Schweinsfuß und einen Hirschfuß vergleichen, so hätten sie es wohl gar für Spott gehalten. Mindestens verlangten sie, daß man von neuentdeckten Wunderwesen von vor Jahrmillionen reden sollte. Dabei ist gerade dieser Darwinismus aber alle Tage und jedem, der Augen hat, im offenen zoologischen Garten zu demonstrieren. Seine schlichten Beweisstücke sind auch nicht schwer zugängliche anatomische Details, für die eine Zeitungsredaktion erst Verdeutscher suchen müßte, um sie ihren Lesern als große Neuheit verständlich zu machen. Das unendlich einfache Vergleichsmaterial etwa dieser paar Fußarten in ihrem Knochenschema findet sich in unseren gangbarsten Schullehrbüchern (z. B. dem ausgezeichneten von Schmeil) längst vereint und durch Bilder veranschaulicht. Wir reden von kuriosen Tiergeschichten; aber auch in unseren menschlichen Bildungsfragen von heute gibt es noch manche recht, recht seltsame Ecke . . .

Auf dem Wege vom Nilpferd zum Hirsch müssen also einmal Tiere gestanden haben, die Schweinsfüße besaßen, anders kann man sich die Stufenreihe in den drei Fußbildern schlechterdings nicht deuten. Wie es uns beim Nilpferd aber im Ganzen ging, so geht es uns jetzt auch beim Schwein. Schließlich fügt sich doch Zug um Zug bei ihm auch sonst an diesen seinen Schweinsfuß an und wird so bedeutsam.

Für die Viererstufe dachten wir uns einen Vor-Hirsch, der noch so gut wie durchaus im Sumpfwald lebte. Wir fanden dann das Nilpferd sogar im Wasser. Auch den Vor-Hirsch mit Schweinsfüßen werden wir mindestens noch entschiedener im Sumpf suchen als den echten Hirsch von heute. Die Lebensweise der Schweine entspricht aber dem aufs denkbar beste. Schon in jener gegensätzlichen Schilderung erscheint die extremere Sumpfnatur unserer Sau deutlich genug. In den afrikanischen Flußschweinen kehren noch fast nilpferdhafte Züge wieder. Wenn im seltensten Ausnahmefall eine Schweineart (wie das afrikanische Warzenschwein) einmal die Steppe begünstigt, so sieht man sie doch Höhlen und dunkle Verstecke dort aufsuchen, die das Sumpfasyl einigermaßen ersetzen und in denen sich wühlen läßt. Ganz unzweideutig stehen wir auch diesmal noch bei wirklichen „Allesfressern“. Sie fressen nicht nur überhaupt viel, diese Schweine, sondern auch wahllos vielerlei. Wenn sich schon auf der Viererstufe beim Nilpferd eine Tendenz zum Vegetariertum (wohl nachträglich) eingemischt hatte, so beweist das Schwein, daß mindestens ein großer Teil auch noch der Zweieinhalb-Stufe bei der alten Mischkost verbleiben konnte und heute noch bleibt. Immerhin ist nach der andern Seite aber bedeutsam, daß auch bei den einzelnen lebenden Schweinegruppen die Form des Magens schon bald mehr so, bald mehr so variiert. Ein Wiederkäuermagen ist auch hier noch nirgendwo da, könnte auch bei dieser Ernährungsweise unmöglich zu recht bestehen. Aber während bei den afrikanischen Warzenschweinen noch ein vollkommen einfacher Magen, sozusagen also der (auch bei uns Menschen noch erhaltene) „Ur-Magen“ der Säugetiere fortfunktioniert, hat unsere heimische Wildsau bereits eine verdächtige Seitentasche nahe dem Schlundeingang, in der ebenso wie in der anstoßenden einen Seite des Hauptmagens bloß das Futter angefeuchtet und erweicht wird, während in der hinteren Seite dieses Hauptmagens erst richtig mit Pepsinhilfe verdaut wird und am Magenausgang sogar nochmals ein Drüsenwechsel stattfindet, — ganz und gar verdächtige Vorzeichen und wirkliche Übergänge wohl schon zum Wiederkäuersystem der vier Mägen. Bei den amerikanischen Schweinen vollends beginnt eine weitere Abschnürung des großen Futtersacks in kleinere Kammern. Auch hier beim Magen jetzt also mancherlei Marken, die den Wiederkäuer bereits ideel über dem Ganzen schweben lassen, wenn er auch grundsätzlich noch nicht erreicht ist. Der Allesfresser führt im übrigen noch ein Allesfresser-Gebiß, das ist doch fast selbstverständlich. Typisch schöner als bei

den meisten Schweinen kann dieses Gebiß gar nicht ausgebildet
sein.

Wenn man unserer Wildsau ins Maul schaut, so merkt man,
daß sie keinen Anlaß hatte, ihr altes Gebiß nach Nilpferdart nach=
träglich zu verbilden. Wohl hat auch das Schwein durchweg eine
Spezialanpassung innerhalb seines Sumpfmilieu erfahren, die ganz
besonders den Schädel betreffen mußte. Es ist kein Ausweicher in
seinem morastigen, überbuschten, verfilzten und verbarikadierten Sumpf=
wald=Versteck, es ist allemale ein Brecher. Bald bricht es vorwärts
durch jede Art Gestrüpp und Dickicht; bald bricht es in den Boden
selbst ein, indem es ihn durchfurcht, zertrümmert, aufwühlt. Beidem
dient nun die merkwürdige Keilform seines Riesenkopfs, die sein
Körperbild im Wildstande so charakteristisch beherrscht und die wieder
ihren nötigen Bewegungsanhalt als eine regelrechte Brechmaschine
hinter kürzestem Halse an dem hohen, steifen, höchst muskelstarken Nacken
findet. Dem schnuppernden Wühlen besonders angepaßt ist die selt=
same abgeplattete Rüsselscheibe vor dem ungeheuren Nasenkeil, die auch
so ganz und gar „Schwein" ist; sie kehrt in verwandter Form nur
bei Maulwürfen, also im Bereich der vollkommensten Wühler des
ganzen Säugetiergeschlechts, wieder. Gleich unserem Maulwurf hat
auch das Schwein hinter dieser Rüsselscheibe einen besonderen Stütz=
knorpel, der erhärtet zum „Rüsselknochen" wird und als solcher noch
ein besonderes Bollwerk auf dem großen Nasenstößer bildet. So
extreme Spezialanpassung mußte in etwa nun auch das Gebiß beein=
flussen, die Sache ist aber durchweg in mäßigen Grenzen geblieben.
Ganz und gar führt auch unsere Wildsau noch kein Hirschgebiß. Im
obern Stock sitzen ihr noch vollkräftige Schneidezähne, die mit den
untern die echteste Schneideschere bilden. Ganz unheimlich weiß das
Schwein sich mit dieser Schere in Frucht oder Rübe oder Fleisch
einzuknabbern, wo der Hirsch bloß im Ganzen raffen oder höchstens
mit seiner nurmehr halben Schere schichtweise schälen könnte. Wo
aber ja einmal besondere Anpassung auch einer Schweineart die
Neigung nahe legt, ihre Schneidezähne ganz abzuwerfen (jenes häßliche
Warzenschwein tut es allmählich während seines individuellen Lebens),
da geht wie beim Nilpferd auch hier der Schwund über beide
Kiefern, — recht zum Beweise, daß es sich noch keineswegs um den
reinen Hirschzug zur oberen Lücke handelt.

Im Eckzahn aber sind überhaupt noch alle Schweine mehr als fest.
Nirgendwo äußert er Tendenz zu verkümmern oder auch, wie beim

Hirsch die unteren, zum Schneidezahn zu werden. Groß und derb, ein wahrer Hauer, tritt er dagegen mit in den Dienst jener Wühlarbeit als Hacke und Stemmeisen. Und darüber noch hinaus wird er zur gefährlichen Waffe. Bei unserem Wildkeiler bildet er die furchtbaren „Gewehre", auf deren Gefahr seit alters die Romantik der Schwarzwildjagd beruht. Wehe dem Hunde, dem wehrlosen Menschen, dem diese Reißer von unten nach oben in den Leib fahren, die, wie gesagt, das Fleisch zu tiefer Furche zerreißen wie das Erdreich. Durch einen besonders sinnreichen Naturtrick wächst bekanntlich bei diesem Keiler auf einer gewissen Lebenshöhe nur der untere Eckhauer jederseits als richtiger Säbel empor, während der entsprechende obere sich, anstatt nun seinerseits abwärts zu wachsen, ebenfalls in kurzer Biegung nach oben kringelt, sich wie ein kleiner Hakybart um die Lippe kräuselt und bei Bewegung des Unterkiefers beständig die Schneide des großen Säbels wetzt. Solange dieser Apparat in der richtigen Ordnung der Teile arbeitet, muß er die unheimlichste Scharfwaffe garantieren. Da er aber wenigstens in dieser Vollendung den weiblichen Schweinen, den „Bachen", auch auf der Höhe ihrer Kraft, wo sie doch auch energisch wühlen und als Wehrtiere (z. B. bei Verteidigung ihrer Jungen) sich schlagen müssen, fehlt, wird klar, daß es sich daneben noch um eine einseitige Ausgestaltung handelt, die mit dem männlichen Geschlecht zusammenhängt, also um ein erotisches Merkmal. Die „Gewehre" der Keiler dienen denn auch nicht bloß gegen den fremden Angreifer, den Hund oder Jäger, sondern es fechten mit ihnen die liebeswilden Borstenritter im tiefen Walde auch ihre Turniere um den Besitz der minniglichen Schweinejungfrauen aus.

Wie es zumeist aber mit solchen besondern Geschlechtsabzeichen zu gehen pflegt, so mischen sich auch bei ihnen in diese männliche Hauergestaltung über den Kampfzweck hinaus noch merkwürdige ornamentale Bildungstendenzen: die Hauer neigen zu Extravaganzen in reine Arabeskenformen hinein, die als solche weder mehr auf Werkzeug, noch auf Waffe gehen, sondern wie eine ästhetische Luxusproduktion des Organismus wirken. Seinen sichtbarsten Triumph feiert dieser Zug bei dem überhaupt höchst wunderbaren Babirusa=Eber von Celebes; dort bilden die Hauer eine so tolle Figur, daß sie eher schon wie ein Gehörn oder Geweih ausschauen und daß von den Eingeborenen seines Landes das ganze Tier geradezu der Hirscheber (denn das heißt Babirusa) genannt werden konnte. Obgleich die monströsen Dinger tatsächlich Zähne sind und kein wirkliches Geweih, haben die Leute in gewissem Sinne auch

zoologisch damit den Nagel auf den Kopf getroffen. Der Schweins=
zahn gerät nämlich hier offensichtlich in eben die Tendenz, die der
Hirsch extrem im ornamentalen Geschlechts=Geweih ausspielt. Man
könnte vergleichsweise von einem Zahngeweih beim Schwein reden,
und es ist bedeutsam, daß es die Tendenz als solche auch schon hat.
Über ihren eigentlichen Inhalt sprechen wir noch beim Geweih selbst.
Auf der andern Seite bleibt aber das Interessante, daß das Schwein
die Sache eben mit den Zähnen macht. Es zeigt das die entscheidende
Geltung des Zahns, des Eckzahns noch bei ihm, die der höhere Ge=
weih=Hirsch nicht mehr kennt und also auch für nichts mehr verwerten
konnte.

Die Backzähne des Schweines sind — man möchte sagen, natürlich
— „bunodont". Bunodontisch kann man geradezu synonym für schweins=
zähnig setzen. In fast jedem Zuge lebt hier der einfache Höckerzahn
des Allesfressers fort. Im Einzelfalle kann auch einmal ein Schwein,
wie jenes mehrerwähnte Warzenschwein, im Verlauf seines Lebens
alle Vorbackenzähne über Bord werfen und selbst die drei echten
Backenzähne jederseits und in jeder Etage herunterkauen bis auf
einen einzigen, der dabei zum Riesen entartet. Aber die Regel ist,
daß auch in diesem hintersten Gebißteil alle Stücke korrekt da sind,
und dann tragen sie unverkennbar alle die Urschrift zur Schau.

Das Volk dieser Schweine ist heute auf der Erde zwar nicht so
zusammengeschmolzen wie das der vierhufigen Nilpferde. Durchweg
in kleinen bis mittelgroßen Formen erhalten, äußerst gefräßig, aber
zugleich wehrhaft und beweglich, mit einer ungemein reichen und
raschen Vermehrungsmöglichkeit bedacht, dabei mit dem wildesten,
unwegsamsten Dickicht am zufriedensten, wie sie sind, versteht man von
den Schweinen ohne weiteres, daß sie keines zufälligen engeren Asyls
bedurft haben, um sich bis heute zu halten und ihren „Vorhirsch"
noch zu vertreiben bis in Tage hinein, da die echten Hirsche und ihre
wiederkäuenden Verwandten doch in unendlicher Zahl längst das
Hauptterrain besetzt haben. Dennoch fehlt es nicht an Zügen auch in
ihrem Lebensbilde, die sie als absterbenden Ast einer eigentlich längst
überlebten Vergangenheit erscheinen lassen. Nirgendwo drängen sie
sich in der Tierwelt entscheidend vor, wie es für so viele Wiederkäuer
gerade charakteristisch ist. Sie beherrschen nicht das Landschafts=
bild, geben nicht den Ton im Naturhaushalt an. Afrika zum Beispiel
besitzt wilde Schweine der auffälligsten Art, und doch wird man in
den ungeheuren Säugerparadiesen, wie sie dort noch bestehen oder

doch bis vor kurzem bestanden haben, neben den zahllosen Antilopen Giraffen, wilden Pferden, Nashörnern, Elefanten, großen Raubtieren, an das Schwein kaum denken. Trotz aller Jagd würde es auch in unserem modernen Kulturbewußtsein schon eine völlig untergeordnete Rolle spielen, wenn wir es nicht zufällig eben in dieser Kultur als gezähmtes Provianttier angenommen und ihm so ein Wiederaufleben unfreiwilliger Art ermöglicht hätten. Im Sinne geistiger Fortentwickelung hat ihm auch dieser Anschluß an das Intelligenzwesen Mensch übrigens nur Degeneration gebracht. Und wiederholt noch hat gerade das Schwein geschichtlich dort auch vor bedrohlichen Krisen gestanden, wie sie sonst kein Haustier erlebt hat: vom alten orientalischen Schweinefleischverbot an bis zu der Trichinenpanik im neunzehnten Jahrhundert. Um seiner „schönen Augen" willen hätten wir ihm gewiß nicht weiter geholfen. Im Zoologischen Garten wird man immer wieder beobachten können, wie die zoologisch so hochinteressanten Schweine doch von niemand eigentlich geliebt werden. Selbst die vielköpfige Nachkommenschaft, die bei manchen Arten unbedingt niedliche Kerlchen auf den Plan setzt, bei andern (z. B. dem Maskenfaltenschwein) allerdings auch schon wahre Waldschrättchen und Pilzgnome von Anbeginn, findet weniger Freundinnen als sonst irgendein Jungwuchs des Gartens. Sie sind zu grobe Trampeler auf unseren ästhetischen Organen, auch den Riechnerven, diese alten Vorhirsche aus dem Urwaldsumpf. Bei wilden Völkern ist das freilich anders, da werden gelegentlich auch kleine Ferkelchen wie Schoßhunde gehalten und vergöttert. Und in dreckigen Urtagen der Menschheitskultur muß die Aversion auch nicht eben stark gewesen sein, denn sonst hätten wir Menschen uns wohl überhaupt nie diesen Schmutzfink zum Haustier erwählt. Eine Rolle mag dabei allerdings gespielt haben, daß das Schwein gerade als Typus des skrupellosen Allesfressers alle Haushaltsabfälle, auch die unappetitlichsten, fortfraß und so, abgesehen von der leichten Ernährung, eine Art Gesundheitspolizei spielte, die im allzu gehäuften Unrat Abfuhr schuf. Als solche Straßenreiniger duldet der Mensch in den warmen Ländern heute noch die häßlichsten Gesellen, Kropfstörche und Geier, als Mitbewohner seiner Städte. Damals blickt man auf Tage, wo die Menschen nach einer recht einleuchtenden Theorie (die Vettern Sarasin haben sie aufgestellt) gelegentlich sogar bei uns zu Lande zum Wohnen in Pfahlbauten über bewegtem Wasser geschritten sind, bloß um sich einigermaßen vor ihrem eigenen Schmutz und Abfall zu retten. Gerade aus

den reichhaltigen Überbleibseln dieser Pfahlbautenkultur in den
Schweizerischen Seen ist uns aber die älteste zugängliche Kunde vom
gezähmten Schwein erhalten. Man ließ es in den früheren Epochen
der Pfahlbauten bei den menschlichen Hütten offenbar noch sehr frei
herumstrolchen, so daß der erste Bearbeiter der Pfahlbauzoologie, der
treffliche Rütimeyer, die dort domestizierte Art geradezu noch als
Wildtier ansprach. In Wahrheit war's aber schon eine rein zahme,
die als solche sogar von einer Stammform kam, die anscheinend gar
nicht unser heimisches Wildschwein gewesen ist.

Die Geschichte unseres Kulturschweins zeigt nämlich, so weit sie
gegenwärtig aufgehellt ist, zwei Wurzeln. Natürlich liegt, wie bei
allen Haustieren, ursprünglich überhaupt eine Wildform zu Grunde,
denn vor dem Menschen waren nur solche Wildformen da, vom Himmel
heruntergelangt hat aber dieser Mensch sich nichts. In den verschiedenen
Rassen unserer Hausschweine, wie sie heute durch die ganze Welt
gehen (in Masse importiert selbst in dem ursprünglich fast säugetier=
freien Neuseeland), steckt aber ersichtlich das Blut von ursprünglich
zweien solcher Wildformen, die einander zwar recht ähnlich, aber doch
nicht zoologisch gleich waren. Die eine bewohnt wild heute noch
Europa, den afrikanischen Nordrand und das ganze nordwestliche
Asien, soweit überhaupt Schweine gehen; den höheren, waldlosen
Norden besucht kein Schwein mehr. Die andere ist dagegen jetzt wild
auf das südliche Asien beschränkt. Die erste ist unser wirkliches
„wildes Schwein". Die zweite ein eng verwandtes Schwein, noch
zur gleichen Gattung gehörig, das aber seiner weißen Zeichnung an
der Kopfseite wegen das Bindenschwein genannt worden ist.

Es scheint nun, daß das heute südasiatische Bindenschwein geschichtlich
früher gezähmt worden ist als das Wildschwein. Jene Pfahlbauer haben
in ihrer älteren, noch mehr steinzeitlichen Epoche tatsächlich nur Ab=
kömmlinge von ihm gehabt, während sie erst später in ihrer Bronze=
zeit zahme Schweine hielten, die den Knochenresten nach, die uns der
Grund der Schweizer Seen so treu bewahren sollte, Blut unserer
Wildsau in den Adern führten. Nach der heutigen Verbreitung der
Wildformen müßte man also unbedingt annehmen, daß diese ältere
Zähmung in Südasien stattgefunden habe, und namhafte Forscher sind
auch der Meinung. Von dort hätten sich dann zahme Schweine, die
vom Bindenschwein kamen, bereits in vorgeschichtlicher Zeit bis tief
nach Europa ausgebreitet; da nur der Mensch sie so verbreitet haben
kann, ließe das auf weite, westwärts gerichtete Wanderungen schon

der sehr alten menschlichen Kultur schließen. Und erst als das längst vollzogen war, hätte man mehr nördlich, etwa in Europa selbst, auch das dort heimische Wildschwein, nämlich unser noch existierendes, nachträglich ebenfalls zur Zahmzucht herangezogen. Mancherlei Kreuzungen und Parallelzüchtungen beider Produkte hätten endlich unsere Rassen von heute ergeben. Amerika, das heute eine blühende Schweinezucht hat, kommt dabei auf keinen Fall in Betracht, da es bei seiner Entdeckung durch Kolumbus überhaupt noch kein zahmes Schwein besaß.

Ich möchte dieser Auffassung, ohne die Grundlagen anzuzweifeln, doch eine historisch-geographisch weniger extreme Form geben. Ich finde in dieser Doppelzähmung des Schweins einen Zug, der offensichtlich durch die Geschichte der meisten Haustiere geht. Er kehrt beim Pferd wieder, und wir werden ihn beim Rinde, später auch beim Hunde genau so finden. Immer sind zwei Formen gezähmt worden, und zwar zuerst eine etwas feinere, so zu sagen schon in der Wildheit harmlosere, später aber erst, als man hier am Ziel war, auch noch eine derbere, weniger leicht zu bändigende, die aber der Zuchtrasse einen nicht zu unterschätzenden Zuschuß an Kraft brachte. So beim Pferde ein edleres Wildpferd mit feinem Gesicht, das im Araberblut fortlebt, und dann ein grobschlächtigerer Dickkopf; so beim Hunde zuerst eine anschmiegsame kleine Schakalform, später erst verschiedene Wölfe. Dabei zeigt sich nun geographisch wohl ein Zug, der die ältere, feinere Form als eine mehr südlich orientierte Vertretung, die gröbere als eine mehr nördliche im ganzen altweltlichen Kulturgebiet andeutet. Schakal und Edelurpferd scheinen in Europa stets mehr gegen das Mittelmeer zu weisen, der Wolf und auf jeden Fall das Derbpferd mehr nach dem Norden. Aber die heutige geographische Verbreitung der jetzt noch überlebenden Wildreste kann meines Erachtens zu weiterer Pointierung dieses Allgemeinzuges nicht mehr so sehr benutzt werden, vor allem nicht für die Abgrenzung der alten Zähmzentren nach Ost oder West. Beim Pferde ist die echte feinere Wildpferdform heute gänzlich ausgestorben, wir wissen also nicht, wie weit sie westöstlich in die Breite ging, auch wenn sie allgemein südlicher saß als die andre. Von dieser andern, derben lebt noch ein letzter Wildrest fern im Osten in der Wüste Gobi, wir wissen in diesem Falle aber aus vorgeschichtlichen Bildern und alten Skelettresten, daß sie ehemals bis nach Westeuropa vorkam, ja noch lange dort gelebt hat, also ebenso gut auch dort zu irgendeiner Zeit, sei es auch spät, noch gezähmt werden konnte. Beim Hunde leben heute noch beide

Stammformen: die ältere, der Schakal, hält sich entsprechend zwar einseitig südlicher, immerhin kommt sie aber bis ins östliche Mittelmeer= gebiet und dort auch bis auf europäischen Boden (bis nach Dalmatien).

Wenn also nun beim Schwein heute die früher gezählte süd= lichere wilde Stammart gegenwärtig nur noch als Bindenschwein im äußersten, geradezu schon tropischen Südosten, in Indien, fortlebt, so könnte das immerhin ein Zufall eben dieses Überlebens sein, wie bei jenem versprengten Nordpferd in der Gobi. Das tropische Indien könnte auch hier ein zufälliges Asyl bilden, die wahre Zähmung in der ältesten Haustierkultur brauchte aber nicht einseitig gerade hier oder mindestens nicht bloß hier erfolgt zu sein, so wenig wie die ganze Kultur ihr Derbpferd historisch bloß aus der Gobi bezogen hat. Die Geschichte des zahmen Rindes, auf die ich später noch komme, gibt den interessantesten Parallelbeleg, der für das Glück Südasiens in Hinsicht asylhaften Überlebens der alten Südformen als Wildtiere spricht, aber ebenfalls meines Erachtens nicht viel weiteres besagt: bei diesem Rinde ist übrigens umgekehrt wie beim Pferde zufällig einmal die ganze derbe Nordform als Wildtier (es war der Ur) heute aus= gestorben, Beweis, wie das Schicksal bald so, bald so die Dinge nachträglich verschoben hat.

Wie sich das nun löse: die Schweineform, aus der wir Menschen unser Kulturschwein entnommen haben, war auf jeden Fall die eigent= lich „zentrale" der ganzen Borstensippe. Diese „Sauen" im engeren Sinne, zu denen unser Wildschwein und das Bindenschwein gehören (im südasiatischen Inselgebiet schließt noch ein echter dritter Vertreter mit dem etwas irre führenden Namen Warzenschwein an, der sich hier nicht auf den großen afrikanischen Schweinevertreter dieses Namens bezieht), verkörpern noch heute im recht eigentlichen Sinne die „Ideal= form" des Schweinetypus. Das mag beim Schwein gerade etwas komisch klingen, und es gibt auch Leute, genug, die überhaupt meinen, solche Ausdrücke wie „Ideal" seien in der strengen Tierkunde, die doch mit platonischer Philosophie oder gar Metaphysik nichts zu tun habe, bloß schlechte Vermenschlichungen und dichterische Irrlichter. Das ist aber selber ein Irrtum. Auf den meisten Stationen des tierischen Stammbaums, die es für sich und ihre Stufe einmal zu einer gewissen runden Eigenentfaltung gebracht haben, pflegt man mehr oder minder deutlich auf eine Form zu stoßen, die das, was diese Station im ganzen und in der phylogenetischen Reihenfolge, in der sie steht, an Eigenart erreicht hat, in größtmöglicher Vollkommenheit faſt mathematiſch vertritt, natürlich nicht abſolut ideal, aber doch annähernd in den Grenzen harmoniſcher Realiſierungsmöglichkeit. Dieſe Form erſcheint auf der einen Seite noch altertümlicher als andere um ſie her, da ſie eben in ihrer reinlichen Harmonie der Teile den Anſchluß an den nächſt tiefereren Typus noch nicht durch grobe Extreme verdirbt, ſondern organiſch vermittelt vorführt. Auf der andern Seite pflegt ſie gerade die dauerhafteſte, lebensfähigſte Form zu ſein, die am längſten in Kraft bleibt. In Zeiten und Lagen einer Fortentwickelung auch dieſer Station dürfte ſie faſt ſtets den beſten Ausgangspunkt gebildet haben, ſozuſagen die gegebene echte neue Sproßwurzel. Um dieſe glückliche Zentralform ſehen wir dann durchweg eine mehr oder minder große Reihe Seitenſchößlinge gruppiert, die in alle möglichen Extreme gehen, den Haupttypus bald ſo, bald ſo wild übertreiben und oft erſt ſeine eigentlichen Blender darſtellen, die auf ihn lenken, aber ihn auch zugleich bizarr und iſoliert machen. Die eigene Lebenskraft wie die Fortbildungskraft über den Typus hinaus pflegt in dieſen Wucherformen weitaus geringer zu ſein, ſie erlöſchen raſcher und bleiben taube Blüten. Es ſei nicht verſchwiegen, daß in der oberen Linie der affenhaften Säugetiere der Menſch einen ſolchen mittleren Idealtypus darſtellt, der alle Kriterien: Altertümlich= keit, harmoniſche Reinvertretung ohne zu viel Einzelextreme, enorme Dauerzähigkeit und beſtändige Fortentwickelungskraft, offenſichtlich an der Stirn trägt, während zum Beiſpiel Gorilla oder Orang=Utan ebenſo ausgeſprochene extreme und unfruchtbare Nebenſproſſen ſind.

Beim Schwein aber ſteckt die Zentrale, wie geſagt, in unſerer Wild= ſau und ihren nächſten Geſellen. Das Gebiß iſt hier noch am voll= ſtändigſten und damit zugleich am meiſten altertümlich, denn wir gehen ja, wohlverſtanden ſtets jetzt auf einer Linie, die von den voll= ſtändigen Urhufergebiſſen zu dem durchaus lückenhaften Hirſchgebiß führen ſoll. Alles was oben an Charakterzügen des Schweins im allgemeinen betont wurde, auch das an ſich Häßliche und Einſeitige, das die Wühlarbeit dieſer ganzen Tierſtation aufgedrückt hat, iſt vorhanden, doch ohne bizarre Übertreibung. Die Zähigkeit dieſer Zentralgruppe äußert ſich noch heute in ihrer weiten Verbreitung als Wildform, die Bildſamkeit auch noch in den verſchiedenen zahmen Raſſen, die ſie geliefert hat; genannt ſei von dieſen nur das auf Häßlichkeit bis zur ſozuſagen negativen Kunſtform ausgezüchtete doggenköpfige chineſiſche Maskenſchwein, das durch unſere zoologiſchen Gärten ſeit alters populär geworden iſt. Durch dieſe Kulturraſſen iſt dann wieder die geo=

graphische Verbreitung selber mächtig gefördert worden; so ist die
zahme Sau vom Menschen erst in Neu=Guinea eingeführt worden
(das nie eigene Huftiere besessen hat), später aber dort wieder verwildert.

Um diese feste Zentralgruppe aber lagert sich ganz folgerichtig
heute noch ein (immerhin nicht großer) Kreis geographisch isolierterer
und bizarrer „Spielformen", die das Wucherwerk mit den einzelnen
Möglichkeiten des Grundschemas darstellen. Schon bei den südlichsten
asiatischen Vertretern der echten Wildsauen macht sich ein stärkeres
Hervordrängen ornamentaler Verzierungen, die nicht mit dem eigent=
lichen Lebenskampf, sondern höchstens irgendwie mit dem Liebesleben
zusammenhängen, geltend. Während unsere heimische Wildsau wesent=
lich, wie gesagt, nur in den oberen Ebergewehren eine leise Spur
hierherüber verrät, taucht beim „Bartschwein" von Borneo jederseits
vom langen Rüssel schon ein höchst drollig gekräuselter, emporgeflammter
Greisenbart auf, der bestimmt ein solches Ornament, jetzt im Pelz
durchbrechend, darstellt. Bei andern Vertretern dort aber zeigen sich
Anfänge mehrerer hornartiger Hautwarzen im Gesicht, unter denen
je eine rauhe Stelle des Nasenbeins steckt. Eine solche Warze erscheint
uns ja gewiß nicht „schön". Aber unter den praktischen Nutzen kann
man sie auch nicht gut verrechnen; einen Moment könnte man ja
denken, die strapazierte Wühlnase solchen Schweins könnte durch ihre
Funktion so etwas wecken und begünstigen; aber bei malayischen
Schweinearten am gleichen Ort und bei gleicher Lebensart zeigt die
eine die Warzen, die andere nicht. Es wird also auch hier wohl bei
den stets unberechenbaren Produkten jener geheimnisvollen Orna=
mentalkraft bleiben müssen. Als solches ist gerade diese Form aller=
dings besonders interessant, und ich möchte sie vorläufig mit einem
roten Strich anmerken, um später noch darauf zurückzukommen.
Wenn ich sagte, das Schwein auf seiner Vorhirsch=Stufe habe das,
was der wirkliche Hirsch später ins Geweih gelegt habe, mit den Eck=
zähnen gemacht, so hat solche warzige Hornschwiele über einer Knochen=
wucherung jedenfalls schon etwas, was viel direkter auch an echte
Hörner oder Geweihe anklingt. Bloß daß es dem Schwein mit seinem
extremen Nasenkopf einstweilen echt bezeichnend eben auch aus den
Nasenknochen wächst.

Gerade der Zug leitet im Schweinevolk selber aber über zu
einigen seltsamen afrikanischen Schweinen, die ihn beständig noch
monströser steigern und von denen eines darum jetzt erst ganz echt
den Namen „Warzenschwein" führt. Der praktischen Anpassung nach

zerfallen diese Afrikaner in zwei Haupttypen: einen des Wasserschweins und einen des Erdschweins. Der erstere geht heute durch ganz Süd= afrika bis Madagaskar. In unseren größern zoologischen Gärten pflegen beide durchweg vertreten zu sein und fallen auch dem Un= kundigsten als jedenfalls höchst aparte Schweine auf. Die Wasser= sorte, allgemein als „Flußschwein" bezeichnet, entwickelt schon bei ihrer schlichteren ostafrikanischen Form neben den sehr deutlichen männ= lichen Nasenwarzen ebenfalls wieder allerlei Bart= und Mähnenzier, die, soweit es menschenmöglich ist, so etwas auf ein großes, grunzendes und borstiges Sumpfschwein zu beziehen, entschieden nach einer gewissen Wohlgefälligkeit bis zur Koketterie ausschaut. Im engver= wandten westafrikanischen Pinsel=Flußschwein aber steht man direkt vor dem Naturkunststück des dekorierten, des maskeradenhaft aufge= putzten „Prunkschweins". Es vertritt das Experiment, den Schweine= typus im Grunde zu lassen, wie er ist, ihn dann aber sozusagen zu vergolden. Jeder kennt den Tafelscherz, einen Schweinskopf mit Gold und allerlei Zierwerk zu verkünsteln. Hier hat's die Natur selber schon gemacht. Und nicht, indem sie etwa wie bei unserem Wildschwein durch allgemeine Kraft und Straffheit machte, was aus einem Schweine= typus allenfalls ins stolz Wirksame zu steigern war, sondern indem sie wirklich fast wie ein Zuckerbäcker bepinselte, kräuselte, verschnörkelte. Schließlich ist's auf einen Witz ausgelaufen, der mich im Zoo immer wieder amüsiert. Dieses „Schönschwein" scheint ein Naturmärchen zu fordern. Wie irgendein Tierschöpfer zu Palette und Brennschere griff, um ein Schwein salonfähig zurecht zu modeln, es zum Stutzer und Löwen zu machen. Aber der Esel guckte aus der Löwenhaut, soviel Mühe er sich gab. In Wahrheit muß dieses Flußschwein viel Ruhe in seinem Lebenskampf gehabt haben, daß es sein Ornamental= prinzip so hätscheln konnte. Wahre Schmuckmast hat es mit sich getrieben. Schon ganz von fern leuchtet einem solch Prunkschwein im Garten mit seiner Hauptfarbe entgegen, einem trockenen und doch förmlich flammenden Goldrot oder (je nach Variante) Ockergelb, für das Heck einmal die schwer definierbare, aber vorzüglich abgelauschte Nuance „Blütenstaubfarbe" erfunden hat. In diese Hauptfarbe ist dann mit Weiß und Schwarz grell hineingearbeitet, oder sie ist, besser noch gesagt, damit durch Umrahmungen und Schnörkel erst recht wirkungsvoll herausgearbeitet. Weiß randet oben der Länge lang den roten Rücken ab, hebt die Schwanzquaste heraus, rahmt und beschließt das Ohr, bildet Brauenbogen über den Augen und doppelte

Bartornamente quer über die Wangen. Schwarz gibt Schatten im
Innenrohr, legt sich als Brille dicht ums Auge, markiert das Knie.
Zu diesen Farben nun die Friseurarbeit. Auf jedem Ohr ein im
Verhältnis geradezu kolossaler, flott ausgeschwungener weißer Pinsel,
eine große Quaste am Schwanz, der Backenbart ebenfalls aufs kühnste
wie eine Art angeklebter Pinselschweife durchgeführt, bei denen man
unwillkürlich an die rein ornamentalen Schmuckfedern an den Brust=
flanken gewisser Paradiesvögel denken muß. Schließlich all der Prunk
aber doch aufgeklebt und aufgepinselt auf einen echten Schweineleib
mit seiner Gestalt des Zwerges Nase, daß ein wirklich komisches Miß=
verhältnis entsteht; der unverwüstliche Erd=Gnom bleibt, ob er gleich
in Eskarpins und Palmenfrack komme. Dennoch lohnt es sehr,
gerade bei diesem Prunkschwein zu verweilen. Man bekommt Respekt
vor der überwältigenden Macht des ornamentalen Prinzips schon
auf dieser Stufe. Die gleiche Kraft, die nachher die Antilopen und
Hirsche ausgetuscht hat, müht sich hier schon an einem so ungefügen
Modell wie einem Schwein.

Ein Blick auf den andern afrikanischen Typus, das Erdschwein
oder echte Warzenschwein, zeigt dann freilich den Fall, wo an dieser
Form alles verloren war und selbst das Ornamentale nur Scheu=
säliges zum Scheusal fügen konnte. Das häßlichste aller Schweine
steht vor uns. Keine Phantasie hat wohl je einen abschreckenderen
Greuel auf vier Beine gestellt. Wenn man es als Urwelttier irgendwo
rekonstruiert sähe, so würde man es für die rechte Mißgeburt längst
an ihrer eigenen Unmöglichkeit wieder gescheiterter Naturexperimente
der Vorzeit halten. Und in einem Zuge, im einfachen Bau seines
Magens, hat es wohl wirklich ein Urmerkmal der ältesten Schweine
bewahrt, das heute selbst die sonst so altertümliche Zentralgruppe
nicht mehr besitzt. Im übrigen aber erscheint es in seiner Ungestalt
hauptsächlich doch nur als Produkt einer Spezialanpassung, die als
solche mit Alter nichts zu tun zu haben braucht. Während das
Flußschwein trotz ziemlicher Wasserliebe von diesem seinem Element
gar nicht gelitten hat, ist das Erdschwein nämlich Reinzüchtung seiner
Lebensgewohnheiten bis zum Extrem geworden. Als passionierter
Höhlenbewohner ist es fast so nackt geworden wie das unterirdisch grabende
splitterfasernackte Nagetier Heterocephalus seines Landes. Diese Nackt=
heit enthüllt aber einen besonders scheußlichen Körper. Bei keinem
zweiten Schwein ist der Kontrast der schmächtigen, unten herstackernden
Beinchen gegen den wursthaften Dickleib und den ungeheuren, nil=

pferdhaft verbreiterten, oben muldenhaft eingesenkten Kopf so grell.
Das Gebiß, von dessen innern Sonderbarkeiten wir schon gesprochen
haben, treibt äußerlich ebenfalls nilpferdhafte Eckhauer aus dem Maul,
die jedenfalls zum Teil auch ihren Zweck als Wurzelbrecher und
Grabschaufeln haben, darüber hinaus dann aber auch schon ins Orna=
mentale schweifen. Was von diesem Ornamentalen da ist, scheint
bei diesem Monstrum indessen wirklich angetan, lediglich die Mißform
zu steigern. So die kuriose lange Rückgrats=Mähne, die in ekeln
Strähnen über den durchglänzenden Nacktleib fällt wie lose Haar=
sardellen über einen schmutzigen Kahlkopf. Und so besonders die
Gesichtswarzen, die hier zu einem ganzen System ausgewachsen sind
und dem Tier gelegentlich auch den Namen des „gehörnten Schweins"
verschafft haben. Das Wort „Warzen" paßt kaum mehr. Es sind
schon schwielige Sparren oder Pflöcke, die da unterhalb der Augen hoch=
steigen. Wenn man sich die extremen Bergmannsgewohnheiten gerade
dieses Erdschweins vergegenwärtigt, möchte man wohl denken, der
praktische Zweck habe das Ornament hier noch umgriffen und ge=
steigert; wie Strebepfeiler gegen das auflastende Erdreich erscheinen
die Dinger; solches nachträgliche Ineinandergreifen des praktischen
und des ornamentalen Prinzips ist ja an sich nichts Unmögliches,
und wir werden auch ihm bei der echten Hornbildung von engeren
Hirschverwandten wieder begegnen. Jedenfalls aber weiß der Laie im
zoologischen Garten sich hier vollends keinen Rat, wenn er dem
Scheusal ins Gesicht sieht. Verborgene Zähne werden oft von ihm
unter den Schwielen vermutet, die die Haut nicht sprengen konnten.
Und er wendet sich schließlich mit Grausen von dem Vieh, dessen
borstig umrahmtes Auge mit einem boshaften Nashornblick herauf=
schielt, und das auch wirklich ein ziemlich gefährlicher Geselle ist.
Amüsant ist noch, daß der Unhold mit Vorliebe vorne unecht knieend,
das heißt in Wahrheit mit eingeschlagenen Vorderfüßen, gräbt. Davon
hat er dicke Gelenkschwielen am Handansatz bekommen, die schon beim
Embryo hervortreten, also heute offenbar vererbt werden. Wenn die
Gewohnheit einmal angefangen und die Schwielen zunächst lange Zeit
immer wieder individuell erzeugt hat, so hätten wir hier ein gutes
Beispiel, wie trotz Weismann eine „erworbene Eigenschaft" endlich
erblich werden kann. Nahe zu diesem Erdschwein gehört auch noch
ein großes, erst neuerdings entdecktes zentralafrikanisches Schwein, das
schwarze sogenannte Meinertzhagensche Waldschwein, über das indessen
noch nicht viel bekannt ist.

Eine andere Arabeske des Schweinestamms hat sich dann in
einen entlegenen Inselwinkel dicht an der australischen Grenze, nach
Celebes, verirrt: der schon erwähnte Hirscheber oder Babirusa.
Celebes, an dessen Stelle ehemals ein flaches Korallenmeer blaute,
hat später, nach seiner Aufrichtung, eine seltsame Mischtierwelt erhalten, teils Einwanderer von der australischen Seite, teils asiatische
Zuzügler. Bei den letzteren muß dieses überaus merkwürdige Schwein
gewesen sein, von dem vermutet wird, daß es ein guter Schwimmer
sei. Einmal am Ort, ist es aber offenbar zum völligen Eigenbrödler
geworden. Lange war der Babirusa auch für die Tierkundigen ein
halb mythisches Geschöpf, von dem man nur den monströsen Schädel
kannte und bestaunte. Es ist der Schädel, der beim Keiler das
bewußte „Zahngeweih" führt, also wieder etwas Ornamentales mit
Geschlechtsanschluß. Während die unteren Eckzähne einfache spitze
Hauer bilden, krümmen sich die oberen zu so richtigen Bogen ein,
daß die Spitzen zuletzt die Runzelstirn zwischen den Augen wieder
berühren. Sollte dieses obere Wachstum normal seitwärts um die
Lippe biegen wie bei unserer Wildsau, so müßte der Schweinerüssel
sich hier wohl noch ärger verbreitet haben als beim afrikanischen
Erdschwein. Statt dessen bleibt er aber sehr hübsch schlank und die
Prozedur geht vielmehr quer durch ihn selber, das Fleisch durchbohrend,
hinauf. Wohlverstanden: obere Eckzähne, die sich (statt nach unten
oder wie sonst bei unseren Schweinen wenigstens nach außen und von
da aufwärts) einfach steil schon in ihren Zahnhülsen nach oben wenden
und zuletzt aus der Decke des durchlöcherten Rüsselfleischs selber steigen,
wie wenn bei uns ein Zahn auf der Nase durchbräche, — eine kühne
Sache. Erst allmählich ist in unseren zoologischen Gärten auch das
lebende Tier aufgetaucht und hat uns das anatomische Wunder in
seinem Zusammenhang demonstriert. Mir war es ein Fest, als ich
in London zum erstenmal den Eber mit den grellweißen Krumm-
stäben auf der schwärzlichen Nase sah. Seither hat Heck in Berlin
mit einem gesunden Elternpaar die schönste Zucht erzielt und damit
den seltsamen Gesellen recht eigentlich zum Dauerbürger unserer
Gärten gemacht. Man kann ihn aber so oft sehen, als man will,
so bleibt er geheimnisvoll, wie die ganze ferne Insel, in deren Wäldern
er haust und von der die Vettern Sarasin uns so viel Wunder
berichtet haben, ohne ein Ende zu finden. Der Babirusa ist in beiden
Geschlechtern heute bis auf ein paar zerstreute Borsten komplett nackt,
mit einer ganz einzigartigen Runzelhaut, die in allgemeinen das

stumpfe Grau einer Kalkschlammkruste, bloß mit ein paar mehr fleisch=
farbigen Nuditäten und an Ohr und Gesicht einem Anflug von
Räucherschwarz, führt. Der Leib schwabbelt ziemlich rund über den
dünnen Stelzen, auch hier der Beweis, wie alle Schweineart eine
Naturanlage zum Fettansatz hat: doch kann man der ganzen Silhouette
eine gewisse Gefälligkeit nicht absprechen, die auf immerhin näheren
Anschluß an die harmonischere zentrale Gruppe deutet. Der lange
Rüsselkopf mit seinen förmlich netz= oder schilderhaft geordneten
Runzeln hat besonders beim jüngeren oder weiblichen Tier, wo das
Zahngeweih sich nicht einmischt, meinem Gefühl nach eine geradezu
frappante Ähnlichkeit mit dem eines Tatu, eines Gürteltiers. Daß
die Vorfahren ein richtiges dichtes Borstenfell besaßen, beweist (wie
beim Nilpferd) der braune Haarflaum auf den Runzeln der Jungen.
Was aber die Enthaarung bewirkt hat, ist noch nicht ganz geklärt.
Am nächsten hat natürlich der Gedanke an das Wasser gelegen. Die
afrikanischen Flußschweine hat dieses Wasser aber so wenig wie nur
möglich entkleidet, und von dem Zerfließen der Formen im feuchten
Element zeigt der Babirusa erst recht nichts. An den Berliner Ge=
fangenen ist mir aufgefallen, wie eifrig sie dabei waren, sich in Stroh
einzugraben. In Büscheln schleppten sie es haftig trippelnd zusammen
wie ein nestbauendes Vogelpärchen, indem sie sehr charakteristisch die
lange bezähnte Schnauze benutzten, um das Stroh auf sie heraufzu=
drängeln und wie mit einer Schaufel oder mit einem Rechen fortzu=
tragen. Es machte ganz und gar den Eindruck von Tieren, die
daheim gewohnheitsmäßige Wühler und Scharrer in hohem losem
Blätterwerk sind. Dabei hatte die Art und Weise etwas Geschicktes,
Treffsicheres, in dem die ganze Klugheit und Gewandtheit der Schweine=
natur zum Ausdruck kam. Wenn solcher Babirusa sich hoch am
Gitter aufrichtete, konnte man einen Moment sogar an die Möglich=
keit denken, daß ein Schwein es selbst zum Klettern hätte bringen
können.

In jedem Schweinehaus unserer Zoologischen Gärten gibt es
aber noch ein Gehege, wo verhältnismäßig sehr kleine, doch auffällig
adrette Schweinchen leben, die der gangbare einheimische Name als
„Pekari“ bezeichnet. Sie stammen aus Amerika, und sind tatsächlich
die einzigen echten Schweine, die Nord= und Südamerika schon vor
ihrer Entdeckung durch die Kultureuropäer landeseigentümlich besaßen.
Der äußere Habitus des Schweins ist auch bei ihnen unverkennbar.
Der Keilkopf mit der Wühlschnauze und ihrer rosigen Rüsselscheibe

ist sogar so extrem groß (wenn auch ziemlich kurz), daß die Tierchen mehr noch als sonst ein Schwein reinweg wie ein wandelnder Kopf ausschauen. Die Kleinheit allein kann auch den Schweincharakter nicht hemmen, denn am Himalaya gibt es in den sogenannten Porkula=schweinchen auch eine altweltliche Zwergform der zentralen Gruppe. Aber diesmal ist das Ganze sonst so glatt und nett, die winzigen kurzen Beinchen erinnern so sehr an feine Nagetierfüßchen und über dem „Schwein" liegt auch lebend etwas so Appetitliches, daß selbst die Besucherin des Gartens, die bloß mit „niedlich" und „eklig" ihre ganze Tierkunde und Systematik erschöpft, eine Ausnahme zuzulassen pflegt. Wenn's nicht den Schweinerüssel hoch steckte, könnte es beinah eine der kleinen Zwergantilopen sein, die auf ihrem Tisch, der den Käfig im Giraffenhause trägt, die erklärten Lieblinge aller dieser Niedlichkeitszoologinnen sind. In Wahrheit faßt der Vergleich aber wirklich wieder die echte zoologische Merkwürdigkeit dieser amerikanischen Zwerge. Die Pekaris gliedern sich nämlich nicht ohne weiteres bloß als Ranksprossen neben die echten altweltlichen Sauen. Äußerlich noch typische Schweine, weisen sie in ihrem anatomischen Bau doch bereits bedeutsam vom Schwein überhaupt fort auf etwas abermals Neues. Sie sind im Sinne unserer Betrachtung noch wieder ein Teil hirschähnlicher als alle andern lebenden Schweine! Ihr Magen sondert sich offensichtlicher in die Anfänge der verschiedenen Wieder=käuersäcke. Am Hinterfuß schließt sich das Kanonenbein und die äußere Afterklaue verkümmert in einer Weise, als sollte, wenn nicht ein Hirschfuß, so doch der eines dort nahe verwandten echten Wieder=käuers, nämlich ein Kamelsfuß entstehen. Die oberen Eckzähne ver=lieren die sonst so typische Schweinekrümmung nach außen und oben, senken sich vielmehr abwärts wie bei dem lebenden Moschustier, das, wie wir sehen werden, zwar auch oben noch kleine vorspringende Eckhauer hat, aber doch schon die Reihe der echten Hirsche enger er=öffnet. An dieses Moschustier erinnert auch eine stark nach Moschus riechende Drüse am Rücken des Pekari, die ihm (indem sie den ersten Untersuchern wie ein zweiter Nabel, der oben saß, erschien) den Namen „Nabelschwein" eingebracht hat.

Es gibt nun zwei Möglichkeiten, wie die Pekari von heute, Schweine, wie sie doch im Hauptbilde auch noch bleiben, zu so starken weiteren Zügen auf den Hirsch zu kommen konnten. Entweder der Schweinetypus hat hier in Amerika als solcher zu irgendeiner Zeit alles, was an hirschhaften Zügen in ihm lag, einseitig noch ein Stück=

chen weitergetrieben und in Tagen, wo der Hirsch selber längst bestand, noch einmal eine Art Hirschschwein aus sich erzeugt als (unfruchtbaren) Parallelast, der doch trotz dieses Anlaufs im Schwein stecken geblieben ist. Dieser Weg würde immerhin zeigen, wieviel Stärke nach dieser Seite selbst spät noch im Schwein lag, wenn auch im Erfolg nichts daraus geworden ist. Oder aber: die Pekari gehen in ihrem speziellen Stammbaum noch auf eine besondere uralte Stelle zurück, wo einst eine gewisse Linie schweineähnlicher Tiere für ihr Teil den echten Schweineanschluß verlassen hat und tatsächlich damals weiter gegangen ist — — in die wirkliche Hirschlinie hinein. Im Gegensatz zu allen andern Schweinen hätten die Pekarischweinchen in ihren Ahnen damals noch einen Schritt mehr hier herüber mitgemacht, — freilich nur einen; denn dann wären auch sie wieder aus dem weiteren Anschluß gekommen, — sind sie doch heute nach wie vor Schweine und keine Hirsche, wenn schon Schweine mit einer feinen Marke des alten Über= gangs zum Hirsch mehr. In diesem letzteren und interessanteren Falle wären die Pekari also heute wieder einmal reliquienhafte Beweis= stücke, lebendige Fossile, die darthäten, daß jene Fortentwickelung von scheinehaften Paarhufern zu noch echteren Hirschstationen geschicht= lich einmal stattgehabt hat, — daß auf einer neuen Wende einst auch in die Schweinestufe wiederum ein Schuß gekommen ist, der, bei Stehenbleiben eines Teils ihrer Vertreter, einen anderen Teil doch ebenso konsequent weiter auf den Hirsch zugetrieben hat.

Hier müssen wir entschieden einmal wieder ins Paläontologische, in die Vergangenheitsdinge selber hinein, müssen also den Zoologischen Garten erneut mit dem Museum der erhaltenen Versteinerungen von Anno dazumal vertauschen. Diesmal aber bekommen wir dort über= aus reiche Ausbeute. Gibt es noch heute immerhin ein ganz statt= liches Häuschen der edeln Schweinesippe auf Erden, was Arten anbelangt, so zeigt das Museum mit seinen Knochenkammern, daß die Vorwelt ein gutes Stück zurück von schweinehaften Tieren geradezu gewimmelt hat, weit, weit über das heutige hinaus. Und alsbald fallen dort Streiflichter auf Bedeutsames die Hülle und Fülle.

Zunächst wird für jene zentrale Gruppe, der unsere heimische Wildsau angehört, jetzt vollends klar, daß sie bereits uralt ist. Im ganzen letzten Drittel jener langen Tertiärzeit, an deren Beginn wir die ersten Kondylarthren fanden, ist sie schon fix und fertig auf dem Plan. Im mittleren Tertiär schließt sie sich dann an ältere Formen, die aber immer noch durchaus Schweinecharakter wahren, und diese

Anfangsschweine selber gehen jetzt als solche in Europa durch noch bis ins erste Tertiärdrittel, in den Ausgang also noch selber der sogenannten Eozänzeit. Auf der anderen Seite wird ebenso klar, daß auch die Pekarischweinchen in Amerika sehr alt sind, ihre engeren Anschluß= formen lassen sich bis mindestens noch ein Stück über die Mitte des Tertiär hinaus belegen: dann reißt allerdings der Faden hier, ganz sicher kann also jene sie betreffende Frage nicht gelöst werden, doch spricht das hohe Alter immerhin für die zweite und interessantere Ant= wort, die auf ihren Anteil noch an einem Fortentwickelungsgeheimnis eines Teils der alten Schweine von damals deutete. Wie das aber sei: auf ein solches Geheimnis selber öffnet sich uns in dieser Gegend paläontologisch jetzt unzweideutig auch sonst der Blick.

Vom Moment an, da die echten Schweine historisch auf dem Plan sind, also schon im Ausgang der Eozänzeit im Tertiär, sehen wir sie den Knochenresten nach auch umgeben und begleitet von einer Reihe mehr oder minder schweineähnlicher Parallelformen, die heute lebend nicht mehr ihresgleichen auf Erden besitzen, damals aber offen= bar rasch ebenso üppig oder auch noch üppiger aufblühten wie die Schweine selbst. Auf den ersten Blick möchte man sie wieder als reine Spielformen nehmen, — in dem Sinne, wie sich ja heute noch um den Zentralstamm innerhalb der echten altweltlichen Schweine selbst solche Taubtriebe und Ranken zeigen; wie viel mehr mögen sie sich in den elementaren Triebkräften der Urnatur damals um die ganze Schweineschöpfung überhaupt gezeigt haben. Und da weist uns das Museum zunächst allerlei Schädel und Knochen, die in der Tat im wesentlichen hierherüber zu gehören scheinen. So hat man in Nordamerika, dann aber auch in Frankreich und im Elsaß bereits aus eozänen Gesteinsschichten die Köpfe solcher „Nebenschweine" oder „Schweineaußenläufer" gegraben, die in der wunderbarsten Weise das, was im Schwein noch von anklingenden Raubtierzügen lag, einseitig herausgebildet hatten. Wir erinnern uns: im Urstande lagen sich Huftier und Raubtier noch gar nahe. In diesem Sinne ist auch das altertümlichere Schwein auf seiner Stufe einem Raubtier im Gebiß (mit seinen robusten Eckzähnen) immer noch weit näher, als etwa nachmals der Hirsch sein konnte, zumal wenn man bedenkt, daß es unter den echten Raubtieren im Bären eine Sorte gibt, die auch noch beinahe Allesfresser statt reinem Fleischfresser ist. Gerade von solchem Bären haben die Schädel jener Nebenschweine nun wirklich manches. Bei der amerikanischen Gattung Achaenodon war der Kopf so groß

wie ein Bärenkopf, und der gewaltigen raubtierhaften Eckreißer hätte
sich in dieser Form kein Bär zu schämen brauchen. Ganz unheim=
liche Angreifer müssen diese „Bärenschweine" gewesen sein, doch waren
sie mit all ihrer robusten Kraft und Größe weit dümmer als eine
Wildsau von heute. Bei einer nahe verwandten Art ist der Schädel
65 cm lang und doch kann man in den Gehirnraum noch kaum eine
Menschenfaust stecken. Gerade dieser mächtige Kerl, den man das
Elotherium genannt hat und der auch bei uns in Europa hauste, hatte
sich noch wieder andere Wunder an seinem Schädel geleistet. Vom
Jochknochen unter dem Auge senkt sich ihm ein riesiger Knochenlappen
wie eine Schutzklappe über den hintersten Teil des Unterkiefers, und
von dem unglaublich robusten Unterkiefer selbst hängen solche Zapfen
wie Tropfstein=Stalaktiten abwärts. Man hat an einen Erdgräber
gedacht, da ein solcher Jochbogen als Schutz gegen anstürzende Massen
beim größten Erdwühler aller Zeiten, dem urweltlichen Riesengürtel=
tier, ebenfalls auftritt. Die andern Zapfen sollen dann Ansatzstellen
besonderer Ziehmuskeln beim Wurzelgraben sein. Der technische Zweck
mag auch in diesem Falle nachgeholfen haben, ich denke aber, ursprünglich
lagen schon hier, wie bei unserem lebenden Warzenschwein, die tragenden
Knochenvorsprünge ornamentaler Warzen vor, — Beweis dann, wie
früh das ornamentale Prinzip auch in der Urwelt schon gewirtschaftet
hat. Enger verwandt brauchen deshalb Warzenschwein und Elotherium
nicht zu sein, — gerade deswegen nicht, weil das Prinzip, wenn es
schon allgemein in Schweinen und Nebenschweinen wühlte, sich bald
hier, bald dort unabhängig manifestieren konnte. Wir haben keinen
Anhalt, daß diese grotesken Bärenschweine überhaupt irgendwelche
Nachkommen gefunden haben. Seltsam wirkt aber, was sie mit ihren
wahrhaft nilpferdhaft schweren Klotzköpfen zugleich doch schon für
seine Beine gehabt haben. Das groteske Elotherium lief insofern
noch auf echten Schweinsfüßen (sogar noch unter Pekariart), als die
Mittelhand= und Mittelfußknochen nicht zu einem Kanonenbein ver=
schmolzen waren. Aber dafür waren nur zwei Finger und zwei
Zehen überhaupt da, und das Afterpaar des Schweins war plötzlich
auf winzige Reстchen verkümmert. Also ein Spiel, das in einem
Zuge noch über den Hirsch hinaussprang. Wie kam der Neben=
läufer dazu? War es bloß ein Zufall, bedingt in einem einmaligen
Zwang besonderer Lebensweise? Wir brauchen aber bloß etwas
weiter auf solche „Nebenschweine" von damals zu achten, um in der
Sache eine Methode zu finden. Diese Nebenformen waren doch nicht

alle und in jedem Teil bloß Spielformen. In ihnen arbeitete noch etwas schlechthin Ernsthaftes, das das Schwein damals nicht bloß variierte, sondern überbot nach einer ganz neuen Richtung.

Da ist eine mächtig vielköpfige Nebengruppe, auch schon beginnend in der Eozänperiode, also offenbar gleich schon parallel zu den ältesten Echtschweinen: die sogenannten Anthrakotherien oder (wie das Wort übersetzt heißt:) die Kohlenschweine. Der Name knüpft an das häufige Vorkommen ihrer Knochen in kohleführenden Schichten an; man darf ja nicht vergessen, daß kohlenartige Pflanzenablagerung nicht bloß in der (weit älteren) sogenannten Steinkohlenzeit, sondern auch noch in allen späteren waldreichen Erdperioden statt gehabt hat. Weit verbreitet in großen Scharen, hausten solche Kohlenschweine damals bei uns im Rheinland wie fern am Himalaya, in Nordamerika wie in Unterägypten. Große Kerle waren dabei, bis zur Statur eines Nashorns. Dabei überwiegt im Ganzen noch immer der Schweinecharakter. Der Fuß zeigt auch diesmal wenig Lust, sich vom schweinernen zu entfernen. Eher, daß er noch ordentlich nilpferdische Anklänge an einen echten Viererfuß wiederholt, und bei den amerikanischen Formen taucht gar einmal ein Restchen noch des Daumens, also eine wahrhaftige Reminiszenz an den urältesten Fünferfuß auf. Aber diesmal beginnt's im Gebiß ganz leise zu wetterleuchten, als wolle da eine gegen das Echtschwein revolutionäre Tendenz durch. Wir erinnern uns an das vom bunodonten, einfach höckerigen Backzahn der Allesfresser Gesagte. Ihm gegenüber ist der Backenzahn des Hirschs wie der aller andern echten grasfressenden Wiederkäuer mit einem Relief an der Oberfläche versehen, nach dem der Forscher ihn „selenodont" nennt oder zu deutsch „mondzähnig". Der Mond ist dabei stets als Sichel gedacht, und das Wesen des Mondzahns zum Höckerzahn besteht eben darin, daß die einfachen Höcker jetzt jeder die Gestalt einer kleinen Sichel annehmen; im weiteren verschmelzen dann noch wieder diese einzelnen Sichelchen zu verwickelteren Gesamtfiguren, in denen das ursprüngliche Bild mehr oder minder verschwimmt. Ein derartiger Sichelbackzahn hat eine entschiedene Anpassungsbeziehung zur reinen Pflanzenkost, und wo ein paarzehiges Huftier „selenodonte" Backzähne vollständig bei sich ausgebildet hat, da kann man mit Sicherheit schließen, daß es in die rein pflanzenfressende Entwickelungslinie, die uns im engeren zum Hirsch führt, eingelenkt hat.

Bei den besagten Anthrakotherien finden wir nun trotz sonst noch durchaus vollständigen und schweinehaften Gebisses, zu dem auch offenbar

ein ganz typischer Schweinskopf gehörte, plötzlich eine offensichtliche Ten=
denz, sowohl oben wie unten auch bereits die einfachen kegelförmigen Höcker
ihrer Backzähne mehr oder minder in eine neue Gestalt überzuführen, die
durchweg zwar noch nicht reine Mondsichel ist, aber doch in der Form
eines kleinen Spitzwinkels, einer römischen V ähnlich, ganz unverkenn=
bar auf diese Gestalt lossteuert. Man kann nur annehmen daß diese
Kohlentiere schon mehr und mehr ausgesprochenere Vegetarier wurden.
Wenn man die Backzähne genau mustert, so findet man ja schon bei
einzelnen der ganz alten Echtschweine selbst gelegentlich, wenigstens
im unteren Backzahngehege an einzelnen Höckern, einen kleinen Zug
nach solcher Umwandlung in V=Form, der andeuten mag, daß immer
schon einmal eine Mehrbegünstigung von Pflanzenkost sozusagen um
ein Titelchen stärker hierherüber „gekaut" hat, und einige Forscher
meinen das sogar bis zu den Kondylarthren selber noch zurückverfolgen
zu können. Andererseits hat sich indessen das Gebiß offenbar lange und
energisch gegen irgendeine ernstlichere Ausgestaltung dieses Zuges
gewehrt; sahen wir doch bei dem heute rein vegetarisch lebenden Nil=
pferd trotzdem noch den besten Höckerzahn erhalten, und von allen
lebenden Schweinen haben nur wieder die Pekari einen leisen An=
klang hierher. Bei den Anthrakotherien=Gebissen aber wurde die
Sache damals ganz bestimmt zum erstenmal Ernst, und damit kam
unverkennbar an dieser Stelle ein neuer Zug in das ältere Bild, —
ein neuer Hirschzug! Ein Teil der ältesten Schweine, so müssen wir
uns sagen, ist damals auch im Gebiß vom Schweinetypus abgeschwenkt
zu neuer, hirschhafter „Selenodontie". Könnten wir jetzt eine dritte
Nebenschweinlinie jener alten Tage nachweisen, in der eine hirsch=
haftere Wendung im Fuß sich kombinierte mit dieser entschiedeneren
pflanzenfresserischen Hirschzähnigkeit — so müßte die größte Wahr=
scheinlichkeit auftauchen, daß wir jetzt überhaupt nicht mehr bei einer
Spielform des Schweins, sondern bei einer endgültig damals von der
Schweinestufe gegen den künftigen Hirsch hin ablenkenden abermaligen
Entwickelungsform angelangt wären. Und auch von einer solchen
Gruppe liegen durchaus wohl erkenntliche Skelette vor.

Es handelt sich um die Gruppe der sogenannten Dichobuniden.
Kleine Tiere diesmal, recht wieder nach dem Gesetz, daß gerade die ent=
scheidende Entwickelung durchweg bei kleinen, mindestens mittelgroßen
Formen weiterläuft. Wieder Europäer und Nordamerikaner dabei, die
ältesten Formen schon in der Eozänzeit, ein Beweis, wie frühzeitig und
tief an der Wurzel schon diese entscheidende neue Wende vom Schwein

ſich vollzogen hat. An den Füßen ganz folgerichtig jetzt das Seiten-
paar afterzehenhaft noch über das Schwein fort abnehmend auf den
Hirſch zu. Aber nicht gleich extrem noch über den Hirſch hinaus,
ſondern hübſch in der allmählichen Überleitung. Wie denn auch hier
noch kein verſchmolzenes Kanonenbein da iſt, ſondern in dieſem Punkte
der Schweinsfuß bleibt. In den Backzähnen aber noch innerhalb der
Gruppe ſichtbarer Wandel aufs neue Ziel. Gewiſſe Vertreter noch
mit faſt reinen Höckerzähnen. Dann mehr und mehr der Höcker bald
hier, bald da zur V werdend, — Morgenröte des Mondzähnertums.
Sonſt freilich noch nichts geſtört im Gebißbeſtand. Noch alle Zahn-
ſorten vollzählig da, noch kein leiſeſtes Rücken in der Schneidezahngegend, wo ſpäter der hinten rein ſelenodonte Hirſch vorne überhaupt
keine Zähne mehr führt. Auf eines Meſſers Schneide ſteht noch die
Wende. Und doch fühlt man, daß ſie da iſt, daß die Entwickelung
wieder einmal einen Kamm überklettert hat. Schon gleich hinter der
Eozänzeit ſind die kleinen Mittler, die Dichobuniden, ſelber fort wie
weggeblaſen. Man ahnt, daß ſie eben noch weiter eingegangen ſind —
in noch vorgeſchrittenere Formen ſich ſchon damals für uns aufgelöſt
hatten. Dafür gruppiert ſich ſogleich in ihrer erſten Blüte aber auch
um ſie ein mächtiger Kreis von Nebenformen, die zum Teil mindeſtens
wieder reine Spielformen darſtellen, dabei aber jedenfalls überaus
intereſſante.

Eine ſehr deutliche Spielform iſt diesmal das merkwürdige
Geſchlecht der ſogenannten Anoplotherien. Der entſcheidende Vertreter,
das Anoplotherium ſelbſt, iſt ein Vorweltler mit beſonders altein-
geſeſſenem Bürgerrecht in den Annalen unſerer Paläontologie. Der
große Cuvier grub in der erſten Blüte wiſſenſchaftlicher Urweltskunde
ſein Skelett aus dem Gips des Montmartreberges zu Paris, den
verſteinten Schlammreſten eines großen Süßwaſſerſees, der hier in
der ſpäteren Eozänperiode beſtanden hatte und an deſſen Sumpfufern
damals auch die früher in dieſem Werke beſchriebenen, zum Stammbaum der Pferde gehörigen tapirähnlichen Paläotherien zahlreich gelebt
hatten. Auch dieſes Pariſer Anoplotherium beſaß die Größe etwa
eines Tapirs. Da ſein noch immer ſchweinehaft vollſtändiges Gebiß
durchaus doch kleine und keineswegs eberhaft wehrhafte Eckzähne wies,
irgend eine ſtoßende Hornzier aber noch ebenſo vollkommen fehlte,
erfand Cuvier den Namen Anoplotherium, das unbewaffnete oder
Ohnwehrtier. In dieſem Punkte wich es aber von mehreren ſeiner
engeren Zeit- und Zunftgenoſſen weniger ab als in andern. Unter

ihnen muß es nämlich einmal wieder eine recht extreme Wasseranpassung gewesen sein, mit kurzen Beinen und einem sehr langen kraftvollen Ruderschwanz, der auf dieser Grenze der gekringelten Schweineschwänzler ganz besonders apart anmutet. Die Füße hatten diesmal, eben in der Wasserbenutzung, eine vollständig eigene Wege gehende oder vielmehr schwimmende Umformung erfahren: durch teilweise oder vollkommene Verkümmerung der äußersten Zehe war der Fuß dreizehig geworden wie der eines Nashorns; doch überwog nach wie vor das mittlere Paar als Ganzes und nicht etwa wie dort bloß die Mittelzehe. Unverkennbar deuten sich hier spezielle Ruderzwecke an, die auf Seehundsverhältnisse gehen; zwischen den Zehen und Zehstrahlen, besonders dem weit abgespreizten Zeigefinger und Mittelfinger saßen Schwimmhäute, und die Hufe waren beinah wieder Krallen geworden. „Seehundsschweine" möchte man diese Tiere geradezu nennen. Dabei verrieten aber auch hier die winkeligen Backzahnhöcker bereits das neue Gravitieren gegen die Mondzähnigkeit.

Vollkommen erreicht erscheint diese Selenodontie bei einer zweiten Spielgruppe dieser Station, den sogenannten Xiphodonten. Die V=Form der Backenzahnhöcker geht schon hier in die echtesten Möndchen über. Gleichzeitig beginnen die unteren Eckzähne sich in der Gestalt eng an die Schneidezähne zu schließen, womit ein neuer Hirschzug gewonnen ist. Und dazu tritt diesmal eine fast so weitgehende Verkümmerung der Seitenzehen wie bei jenem Elotherium, während die Trennung der beiden Hauptknochen im Mittelfuß ohne Kanonenbein auch hier ebenso konsequent noch im „Schwein" bleibt. Immerhin waren es überaus leichtfüßige „Viertelschweine", die so schon entstanden, und die netten Füßchen trugen einen zierlicheren Körper, als bisher irgendein Schweineverwandter besessen hatte. „Gazellenschweine" möchte man die niedlichen Geschöpfe nennen. Auch sie sind schon von Cuvier im Pariser Gips entdeckt und in einer noch heute brauchbaren Umrißskizze rekonstruiert worden. Mit ihren feinen Füßen wird man sie nicht mehr im Sumpf suchen, ihre Nahrung begann sicher rein vegetarisch zu werden. So mögen sie wirklich zum erstenmal einen gazellen= oder rehartigen Typus im freien Grasplan gezeigt haben. Man hat den Eindruck, daß in ihnen und verwandten Formen der Zeit schon einmal von solchen Halb= und Viertelschweinen der ganze Lebensraum erobert war, den später die eigentlichen Wiederkäuer eingenommen haben. Die Anthrakotherien und Anoplotherien vertraten etwa die Rinder, die Xiphodonten die Antilopen und Hirsche. In Nordamerika entsprach diesen europäischen

Typen eine besondere, vielgestaltige Gruppe, die sogenannten Oreodonten.
Bei ihnen läuft als echtesten Spieltypen alles alte und neue ihrer
Station möglichst kunterbunt durcheinander. Neben ganz und gar
noch schweinshaften Füßen geht ein schon durchaus selenodontes Back=
zahngebiß. Wenn auch hier der untere Eckzahn sich zu den Schneide=
zähnen schlägt, so spitzt sich dafür der erste Vorbackzahn zu einem
Ersatzeckzahn, als sei nachträglich doch ein solcher Eckzahn wieder nötig
geworden. Auf diese wunderlichen Mischgestalten ist zuerst das Wort
von „wiederkäuenden Schweinen" geprägt worden. Im ganzen Habitus
und in der Größe hatten die meisten etwas vom Pekari, dessen Stamm
aber doch bestimmt nicht erst hier abgezweigt haben kann; auch sie
sind wie alle solche Spielformen ohne Nachkommen erloschen. Eine
ihrer Abteilungen, die Agriochoeriden, scheinen gleich den Anoplotherien
ins Wasser gegangen zu sein, auch sie hatten lange Ruderschwänze. Gerade
hier aber taucht im Gebiß nochmals ein hochbedeutsamer Zug auf.
Die oberen Schneidezähne beginnen sozusagen zu wackeln. Sie werden
klein, fallen früh aus. Es ist, als drücke etwas darauf. Es kann
bei Zähnen nur die Nahrungsweise sein. Was kann es da aber
anderes gewesen sein, als eben der Beginn des Wiederkäuens? Sumpf=
bewohner trieben sich zeitweise auf dem Lande herum, um rasch zu
raffen und zu speichern; die Diebesbeute käuten sie dann im sichern
Versteck nachher erst gründlich aus. Wir haben leider von diesen
Urweltlern nur das Skelett und nicht den Magen, um die Probe
auf das Exempel zu machen. Man möchte doch wetten, daß ihr
Magen noch über das Stadium der Pekari hinaus angefangen hatte,
zum Wiederkäuermagen zu werden. Hier aber kommt uns ein be=
sonderer Glücksfall noch entgegen. Es setzt nämlich unserer Kenntnis
jener uralten Spielformen dieser Halb= und Viertelschweinstufe die
Krone auf, daß eine einzige davon heute noch lebt, — überlebt nach
mehreren Millionen von Jahren eben in ihrer unfertigen Über=
gangs= und Spielform von damals.

Unter den amerikanischen Spielformen der Dichobunidenstufe
(die sich allem Anschein nach dort von ähnlichem Ausgangspunkt völlig
lokal isoliert, also unabhängig von den gleichzeitigen altweltlichen Formen
entwickelten) findet sich eine Gruppe zwerghafter, kaum hasengroßer
Geschöpfchen, die bei vollständigem, aber selenodontem Gebiß vorne
noch echte Schweinsfüße besaßen, während ihnen hinten die Seiten=
zehen schon zu Griffelfäden verkümmert waren. Hauptvertreter ist
Protylopus, die Gruppe heißt die der Leptotraguliden. Schon bei

diesem Protylopus fällt dem Zoologen in dem zugespitzten und ver=
schmälerten Schnauzenteil des Schädels etwas wie eine unbestimmte
Ähnlichkeit mit einem gewissen sehr bekannten lebenden Tier auf, die
aber doch hier noch Zufall sein könnte. Nun beobachtet man aber
in dem reichen nordamerikanischen Knochenmaterial diesmal unzwei=
deutig sicher, daß diese Schweinshäschen nicht gleich taub abstarben,
sondern wenigstens einen Anlauf nahmen zu eigener Fortentwickelung.
Das hat man ja oft auch bei solchen Spielformen: ein Stück gehen
sie in ihrer Einseitigkeit noch weiter, nur daß sie auch so im ganzen
keinen Anschluß an die große Entwickelungssteigerung erreichen, sondern
zuletzt doch auch wieder unfruchtbar wie in einer Sackgasse stehen
bleiben. So stellt sich also hinter jenen hasengroßen Protylopus in
der Miozänzeit Amerikas ein Tier von Rehgröße, Poëbrotherium
genannt und die Unterfamilie der Poëbrotherien vertretend, bei dem
die Seitenzehen jetzt hinten wie vorn bis auf winzige Knötchen
degenerieren. Man merkt, das geht auf ein Extrem wie Elotherium,
das den Hirsch schon in diesem Punkt mit einem Fuß überbieten
will, der sonst noch durchaus Schweinsfuß ist. Aber dabei bleibt es
dieses Mal nicht. Bei einer verwandten Form von der Größe eines
schlanken Schafs (Paratylopus) entstehen im Gebiß allerlei seltsame
Zwischenräume, die Eckzähne werden isoliert und krummhakenförmig, —
wieder taucht unbestimmt ein gewisses modernes Tiergebiß auf . . .
Dann senkt sich (bei Protolabis, Gruppe der Protolabiden) das jetzt
allein noch vorhandene Zehenpaar an allen Füßen ganz eigenartig
so, daß der Fuß sowohl Schwein wie Hirsch ganz in der Stellung
zu verlassen beginnt; die beiden Zehen setzen nicht ferner steil mit
den Hufen auf, sondern legen sich unterhalb des Kanonenbeins mehr
und mehr wieder platt an den Boden. Wieder, — denn so platt
hat ja einst dieser Fußteil der Ursäuger schon einmal gelegen; hier aber
kommt's neu zurück. Das ist offenbar jetzt eine echteste Spielarabeske,
die alsbald auch die Hufe selbst bedroht; nach oben geschoben und
nicht mehr die Last tragend, werden sie bald zu nagelartigen Horn=
decken zurückverwandelt. Was will auch das zuletzt werden? Beim
nächsten sofort anschließenden Tier verschmelzen die Mittelfußknochen
zum erstenmal zu einem Kanonenbein; hier also endgültiger Bruch
mit der Schweinetradition. Diese lebt in dieser Reihe jetzt nur noch
im Gebiß. Aber auch das verliert noch einen Schritt weiter die
beiden ersten Schneidezähne oben. Nur der dritte verharrt zäh.
Ganz Hirsch will die Situation also hier doch nicht werden. Auch

die Eckzähne rücken in ihrer Hakengestalt nicht. Dieses letztere Gebiß
gehört einem schon bis ins letzte, jüngste Tertiärdrittel, das Pliozän,
reichenden Tier mit Namen Prokamelus an, womit endlich das erlösende
Wort gefallen ist. Prokamelus: das Vor=Kamel. Wir stehen vor dem
direkten Stammvater der lebenden Kamele.

Ein Tier taucht uns plötzlich auf, das nicht nur noch lebt, sondern
der volkstümlichsten eines ist unter allen, die heute leben. Wie dem
Schwein, so ist auch ihm das Loos geworden, als „Haustier" sich
dem großen letzten Sieger auf unserer Erde, dem Menschen, noch an=
zufügen, aber noch in höherem Sinne als das Schwein. Nicht nur
tot, geschlachtet, sondern selber noch lebendig gehört es zu seinem un=
schätzbaren Inventar, ohne das er einen Teil seiner Erderoberung
gar nicht hätte durchführen können.

Ohne noch besondere Fortschritte oder Rückschritte zu machen,
hat die alte Spielkette, zäh wie sie diesmal war, bereits im ersten
Teil jener Pliozänzeit auch das wirkliche Kamel, wie wir es kennen,
erreicht, und zwar hat sie es allen Indizien nach zuerst dort erreicht,
wo auch das Vor=Kamel lebte: in Nordamerika. Uns heute ist das
Bild des Kamels ja unzertrennlich von dem der afrikanischen Wüste.
An die Sahara scheint es assoziativ geknüpft. Dort lebt es uns
in Sage wie Geschichte. Und doch lehrt schon ein Blick auf die
moderne Tiergeographie, daß es mindestens heute in Afrika keine
wilden Kamele gibt. Als echte Wildform leben Kamele in der ge=
samten alten Welt gegenwärtig nur in der Hochsteppe von Zentral=
asien. Selbst dort war ihre Existenz lange umstritten, aber neuerdings
scheint es definitiv, daß es in Tibet noch Wildkamele gibt. Auch
nach diesem Asien gekommen aber ist das Kamel zweifellos erst im
letzten Drittel der Tertiärzeit von Nordamerika. Dort lebte noch bis
in die Diluvialzeit hinein das „amerikanische Kamel" als wirklich
landeseigentümliches Charaktertier. Gleich dem einheimischen amerika=
nischen Pferde starb es dann aus unbekannten Gründen in seiner
Urheimat im Verlauf dieses Diluviums aus. Schon längere Zeit
vorher aber hatte sein Geschlecht einen Ausläufer auch nach
Südamerika entsandt, der sich in den westlichen Hochsteppen dort zu
dem heute ebenfalls noch lebenden Lama ausgestaltet hatte. Das
amerikanische Lama, in unseren Tiergärten bekannt als das Tier, das
„beißt und spukt", ist nämlich seinem anatomischen Bau nach ein zwar
kleineres, aber sonst genau so waschechtes Kamel wie das ein= oder
zweihöckerige, allgemein so benannte „Trampeltier".

Das Kamel, wie es heute so vor uns steht, verrät auf den ersten Blick, daß es ein Sonderwesen ist, dem man mit dem oberflächlichen Einreihen unter die Masse der lebenden engeren Hirschverwandten, der Wiederkäuer, in keiner Weise gerecht wird, während es auf der andern Seite allerdings auch im unmittelbaren Bilde nichts mehr vom Schwein hat. Es ist eben eine Reliquie der großen Wende selber, die einst in der Entwickelung den Hirsch vom Schwein sonderte. Wenn irgend von einem lebenden Tier, so muß von ihm gelten, daß es ein überlebender Urweltler ist. Wie der riesige Wuchertrieb einer uralten Wurzel, die längst über sich einen schattenden Baum trägt, ragt es in unsere Tage, gerettet wohl aller Wahrscheinlichkeit nach gleich dem Nilpferd durch den Zufall einer Spezialanpassung, in der es allerdings heute noch jedem Schulknaben und Bauern so gut imponiert wie dem klügelndsten Kenner der Tiergeschichte.

Lange ist für unser Volk das behöckerte Kamel, von herumziehenden Schaustellern mit billigen Mitteln überall produziert, der Inbegriff exotischer Absonderlichkeit in einem Tier gewesen. Und selbst in aller Konkurrenz durch so viel andere abenteuerliche Gestalten hat es in unseren zoologischen Gärten noch immer ein gut Teil von diesem Ruhm sich gewahrt. Als noch kein reisender Tierführer sich leisten konnte, eine Giraffe vorzuführen, bewunderte man seinen langen Hals, seine hohen Beine, seinen seltsamen Schaukelgang, Merkmale, die nachher diese Giraffe allerdings noch weit überholen sollte. Was aber die Giraffe nie erreichen wird: das Kamel wirkte zugleich unheimlich und komisch, genau wie der so gern mit ihm vereinigte Bär. Zu einem wirklich volkstümlichen Geschöpf, das Kindern und Dorfbewohnern gefallen soll, gehört dieser Humor, übrigens in diesem Falle ein ganz unfreiwilliger, denn das Kamel ist selber als meist argwöhnisches und böses Vieh zu allem eher aufgelegt als einer eigenen humoristischen Auffassung der Dinge; von dem alten Trio mit Bär und Affe ist es, obwohl schon ursprünglich gezähmt, der innerlich humorfernste, finsterste und abweisendste Geselle geblieben; der fast mehr hilflos, als zahm gemachte Tanzbär hat wenigstens etwas wie eine Art Bettlerschläue erworben, die das lachende Mitleid der Menschen toleriert und ausnützt, während der Dritte im Bunde, der Affe, schon geborener und bewußter Selbst=Humorist mit allen Einfällen und Eitelkeiten eines solchen ist. Die Komik des Kamels fällt aber nicht nur dem Bauern auf. Man weiß, was ein so feinsinniger Satiriker wie Alphonse Daudet in seinem köstlichen „Tartarin" daraus zu machen gewußt hat. Auch ohne

Buckel (im amerikanischen Lama) wirkt es schon grotesk-komisch genug;
über das hochnäsig getragene, mokante Gesicht eines solchen Lamakamels
mit seinen tantenhaft nach oben gekrümmten Mundwinkeln, eine ganz
unglaubliche Mischung aus scheinbar eitler Arroganz und urgegebener
Mordshäßlichkeit, nicht lachen kann nur, wer schlechterdings keine
Ader für Humor in der Welt hat. Mit dem schaukelnden Buckel
oder gar zweien des echten Höckerkamels erreicht das aber den Gipfel;
ein Gesicht, das nach menschlichem Mienenspiel beständig sagt: macht
Platz, jetzt kommt der Schöne, der mehr wirkt als ihr alle — und
dahinter anschlenkernd diese einzigartige Mißgestalt des Riesen, der
doch zugleich ein Krüppel erscheint. Es gibt kein Säugetier, das
gegen diesen Effekt aufkommt. Eine Farbe für den Schausteller vor
der unwissenden Menge geben dann noch gewisse Märchen oder doch
Übertreibungen hinzu, die an die zähen Eigenschaften der typischen
Wüstentiere anknüpfen: daß das Kamel wer weiß wie lange kein
Wasser brauche, weil es eine ganze Zisterne im Bauch mitschleppe,
und daß es sein Reiter im Falle eigener Verdurstungsgefahr schlachte,
um an dieser Zisterne seinen Durst zu stillen. Zoologisch ist aber
nun besonders interessant, auseinanderzuwickeln, was für wirkliche
Faktoren in diesem Bilde zusammenarbeiten.

　　Ein Teil sind offensichtlich pure Milieuzüge, Anpassungszüge.
Wilde Kamele haben sich, wie gesagt, bis heute sicher nachweislich nur
in zwei Hochgebirgssteppen erhalten, in der Kordillere Südamerikas
und in Tibet. Man wird annehmen müssen, daß solche Steppe in
irgendeiner ähnlichen Form von früh das typische Milieu gewesen ist,
das das Kamel erzogen, ihm auch körperlich sein Gepräge aufgedrückt
hat. Die kleineren Lamakamele haben es dabei zu recht geschickten
Kletterern gebracht, sie stehen gewissermaßen zum Buckelkamel wie das
Maultier zum Pferde, — das Hauptgewicht und bei den großen
Kamelen das ausschließliche lag aber offenbar stets auf dem pferde-
haften Durchtraben und ewig suchenden Überqueren des flacheren
Wellengebiets dieser Steppe. Vom feuchten Sumpf- und Waldversteck
hat sich das Kamel dagegen geradezu extrem emanzipiert, und deshalb
ist es in dem feuchten Waldgebiet der Tropen auch allein nicht mehr
brauchbar, während es sonst doch ein wahrer Kosmopolit ist, der die
glühende Sahara und Gobi so gut erträgt, wie die furchtbaren
Schneestürme der Anden und Tibets oder auch wieder unseren milden
deutschen Jahreszeitenwechsel. Man möchte sich denken, daß es lange
von einem kontrastreichen Klima tief im Herzen eines Kontinents

geftählt worden fei, wo glühende trockene Sandfommer mit überaus
ftrengen Schneewintern wechfelten, alfo Verhältniffen, wie fie gerade
in Tibet heute noch herrfchen. In feiner altweltlichen, von der
Kultur allmählich faft ganz umfponnenen Form hat es aus diefer
Grundveranlagung dann allerdings gleichfam zwei Spezialitäten heraus=
entwickelt, von denen die eine, das gezähmte zweihöckerige Kamel, feine
Hauptkraft auf den Winter verlegt hat und dort am brauchbarften
ift, während das einhöckerige Dromedar mehr einfeitige Sommerform
für die heiße Sandwüfte geworden ift. Mit allen diefen Zügen
ift es aber dem Menfchen unfchätzbar geworden. Wo die Ge=
ftaltung feines Planeten ihn zwang, feine Kultur auf fchwindelnde
Paßhöhen und Hochplateaus zu treiben, wie in Peru, oder wo der
Ausbreitung diefer Kultur plötzlich das ungeheure, lebensleere Sand=
dünen wie Wellen auftürmende Sandmeer der heißen Wüfte eine
Schranke, unpaffierbar felbft dem Pferde, entgegenfetzen wollte, wie in
der Sahara: da ift das Kamel fein bahnbrechender Helfer, fein wahrer
Kulturpionier gewefen. Das Wort vom „Schiff der Wüfte" wird fein
unvergängliches Denkmal in den Annalen diefer Kultur bleiben.
Schon in Tagen, da man noch keine Ahnung von darwiniftifchen
Anpaffungsfragen hatte, hat man auch die Anpaffungszüge, die hier
mitfpielten, forgfam genug gefammelt, befchrieben, bewundert, fo
daß fie heute beinah jedem Kinde geläufig find. Die enorme
Kraft des Kamels, die jedesmal bei etwas weniger ftrapazierter,
künftlich gehegter Lebensweife dasfelbe produziert, wie das Pferd,
nur quantitativ noch weit gefteigert: nämlich Luxusenergie, die
es in den Stand fetzt, zu feiner natürlichen Körperlaft noch fremde
Laften, menfchliche Reiter und menfchliches Gepäck, fpielend mitzu=
fchleppen. Sein famofer federnder Sandfuß, bei dem die allein er=
haltenen und leicht fpreizbaren beiden Mittelzehen in einer koloffalen
elaftifchen Sohlenfchwiele wie in einem lederharten Kiffen ftecken,
die denkbar befte Vorkehrung, um über lofen heißen Wüftenfand zu=
gleich gefchützt und doch anftrengungslos wie in eigens konftruierten
Lederfchuhen behaglich dahinzuwandeln. Die unglaubliche Ausdauer
feiner langen Beine im Gehen. Seine Genügfamkeit und Skrupel=
lofigkeit in der Ernährung, die noch weit über die Diftelfreundfchaft
des Efels hinaus mit dem fcheußlichften Stachellaub der Mimofen=
zweige zufrieden ift. Seine in befchränkterem Maße wirklich vor=
handene Fähigkeit, die Tränke eine kurze Zeit entbehren oder durch
faftigere Pflanzennahrung erfetzen zu können. Inwieweit auch der

Buckel selber als Fettspeicher für Notzeiten bereits eine alte Wüsten-
anpassung der Wildkamele darstellt, mag dabei offen bleiben. Buckel-
artige Bildungen kommen ja auch bei andern Wiederkäuern schon im
Wildzustande reichlich vor. Bereits bei Igeln und Fledermäusen
finden sich auch besondere Fetteinlagen im Rücken, die als Zehrpfennig
für Sparzeiten, hier den Winterschlaf, dienen. Andererseits beweisen
die völlig buckellosen Lamas, daß es sich nicht um ein absolut nötiges
Requisit des ursprünglichen Kameltypus dabei handeln kann, und bei
den Resten noch heute wirklich wilder altweltlicher Kamele in Asien
soll der Doppelhöcker mindestens recht schwach entwickelt sein. Jedenfalls hat die Kulturzüchtung bei unserem Höckerkamel ebenso stark da
noch nachgeholfen, wie bei den heute so hoch gebuckelten zahmen Zebu-
rindern Indiens oder bei den bekannten hinterwärts gleichsam mit
einem Fettbuckel versehenen Kulturrassen der Fettschwanz- und Fett-
steißschafe des Orients. Individuell schwillt bei allen Kulturkamelen
der Höcker noch bei der geringsten Mästung durch Nahrungsüberfluß
ersichtlich an, während er ebenso bei karger Tracht bis auf ein Minimum
schrumpft.

Eine heute sehr allgemein gemachte Annahme läßt sogar den
Gegensatz von einem Höcker gegen zwei ein reines Kulturwerk
sein, also bloß einen künstlichen, vom Menschen erzielten Zuchtrassen-
gegensatz. Es läuft das auf die Allgemeinfrage hinaus, ob das heutige
einhöckerige Dromedar, das zugleich die ausgesprochene Hitzespezialität
der Höckerkamele von heute darstellt und als solche das spezifische
Kulturkamel für Afrika ist, ganz und gar bloß eine vom Menschen
selbst in alten Tagen herausgezüchtete Kulturrasse sei, oder ob ihm
eine besondere wilde Art oder Spielart separat zugrunde liege.
Wilde Dromedare sind weder heute noch aus historischer Zeit irgendwo bekannt. Die Hoffnung, sie im Innern von Arabien noch zu
finden, hat sich bisher nicht erfüllt. Behauptet wird, daß beim
ganz jugendlichen Dromedar sich zuerst eine doppelte Höckeranlage
bilde, die nachher erst sich vereinfache; doch würde das nur beweisen,
daß ursprünglich die Einhöckerkamele auf Zweihöckerformen zurückgehen,
ohne Verbindlichkeit, daß deshalb dieser Übergang erst bei den gezähmten
Kamelen stattgefunden habe. Dagegen wissen wir heute, daß noch in
die Diluvialzeit hinein wilde Kamele über die Mittelmeergebiete bis
Algier verbreitet waren, und niemand kann sicher sagen, ob dabei
nicht schon dromedarhafte Wildformen gewesen sein könnten, von
denen irgendein letzter Rest auch noch direktes menschliches Zähmungs-

material geliefert hätte. Wie in so vielen Fällen wären dann auch beim Kamel zwei ursprüngliche Wildtiere in unsere Zuchtrassen einge=gangen und dabei eine schon südlich besser angepaßte. Manchmal ist es mir als vage Möglichkeit aufgetaucht, ob nicht in Nordafrika, mehr westlich, unabhängig von Ägypten, noch irgendein bis jetzt nicht lokalisierbares Zähmungszentrum verschiedener Tiere gelegen habe, dem gewisse Pferde, die karthagischen Kriegselefanten und so auch das Dromedar entstammten. Doch muß das einstweilen durchaus offen bleiben. Wogegen wieder sicher zu belegen ist, daß die Ägypter das Kamel erst ganz spät kennen gelernt haben, zu einer Zeit, da aus der assyrischen Kultur längst Bilder existierten, die auch das Drome=dar vortrefflich darstellten; daraus wieder schließen bewährte Haustier=forscher, daß dieses Dromedar ebenfalls ein Produkt des tieferen Asiens sein müsse, und da man dort wild nur Doppelhöckerkamele kennt, meinen sie, es müsse eben eine künstliche Zuchtrasse sein. Lassen wir dieses ganze Problem also vorläufig offen.

Typisch ursprünglich, als Gabe ihres Anfangsmilieus, liegt da=gegen in allen Kamelen, ob behöckert oder nicht, zweifellos die Kraft starker Wollbildung. Weist das Kamel in manchen der bisher bewährten Züge äußerlich ganz aus dem Paarhuferkreise heraus, um sich dem Pferde zu nähern, das es in der Sahara ja völlig ersetzt, so schließt es sich hier ausgesprochen innerhalb jenes Kreises an das Schaf an. Auch das Schaf ist als Wildtier ursprünglich ein echtes Hochsteppen=tier, also vom gleichen Milieu geprägt. In Südamerika, wo es keine heimischen Wildschafe gibt, hat man die Kordillerenlamas direkt „Schaf=kamele" genannt. Dabei sprach aber besonders die engere Ähnlichkeit mit, daß bei der Haustierwerdung dieser Lamakamele zum Teil das gleiche Motiv maßgebend geworden ist, das beim zahmen Schaf so entscheidend durchgeschlagen hat: nämlich die Steigerung und Benutzung seiner Wollproduktion. Eine gewisse Rolle spielt das schon beim Höckerkamel. Beim zahmen Lama aber bedingt es mindestens den halben Wert. Das „Schafkamel" war gezähmt, als die Spanier Peru ent=deckten und eroberten, — ganz unabhängig von aller altweltlichen Kamelzüchtung hatten die Peruaner der landeseigentümlichen Inka=kultur es für ihren Bedarf gezähmt. Sie hatten es aber gezähmt gleich in zwei verschiedenen Bedarfsformen, von denen die eine — Lama im engeren Sinne genannt — in erster Linie das Lasttier dieser eigenartigen Hochlandskultur wurde, ihr Pferd, Rind, Dromedar, Saumtier alles in einem, während die andere — Alpaka oder Paka

genannt — wie das echteste Kulturschaf der schönen Wolle wegen
gehalten und regelmäßig geschoren wurde. Weder Lama noch Paka
lebt heute mehr wild in den Kordilleren, und mindestens dem Paka
mit seiner tollen Luxusproduktion an Wolle sieht man auf hundert
Schritt an, daß es das Produkt erst einer zielbewußten menschlichen
Reinzüchtung ist. Dagegen lebten und leben dort zwei gut unter=
schiedene andere Schafkamel=Wildformen, nämlich das sogenannte Guanako
und die Vikunja. Die Vikunja ist eine kleinere, zierlichere, mehr
gemsenhafte Höhenform, das stattliche Guanako, das unserem Rothirsch an
Größe nachkommt, geht in Patagonien bis in die Ebene hinunter, die dort
allerdings zuletzt auch unten den richtigen Hochsteppencharakter wahrt.
Eine alte Annahme war, daß das Guanako gezähmt das Traglama,
die auch wild schon exquisit feinwollige Vikunja das Wollpaka ergeben
habe. Ersteres ist in der Tat heute kaum mehr fraglich, letzteres
bleibt Problem, indem gute Urteiler auch im Paka nur eine auf
Wolle ausgezüchtete Kulturvariante des Lama finden wollen. Schließlich
ein Streit wie um das Dromedar und mit dem bisher gegebenen
Material ebensowenig lösbar.

Wichtig dagegen ist physiognomisch im gesamten Kamelbilde die
allgemeine Schafähnlichkeit, die noch weit über die Wollfrage hinaus
geht. In Blick, Profil, Haltung, ganzer Art haben auch die Buckel=
kamele allzeit etwas von kolossalen Schafen. Ein Riesenschaf, zumal
ohne die Hornzier des Widders, wird aber immer von mittelmäßigem
Schönheitswert sein. In der Tat sind die Kamele in all ihren
Formen unbezweifelbar häßliche Tiere. Relativ am besten schneidet
meinem Gefühl nach noch das wilde Guanako ab, — mit seinem
graziösen Schwanenhals, der feinen Taille, den großen nervösen Ohren
und dem weichfarbigen kurzen Vließ erscheint es von weitem bei
straffer Bewegung eines munteren Exemplars im Gehege des zoologischen
Gartens oft einer großen Gazelle gar nicht so unähnlich. So wie
man ihm aber ins Gesicht sieht, kommt trotz der großen kohlschwarzen
Augenkugeln das Profil des karifiert übertriebenen Schafs unschön
grob heraus. Das ungeschorene Tiergartenpaka ist dagegen ein
Monstrum, dem man freilich wie dem Fettschwein die Zuchthand des
Menschen zugute halten muß, die nicht auf Ästhetik, sondern auf
materiellen Vorteil ging. Indem der Pudelkopf und lange Hals wie
ein Leib für sich hoch emporragen, der wahre Leib mit seinem oben
gescheitelten Gezottel aber dann im schärfsten Winkel abbiegend sich
schier nicht endend dahin erstreckt, kommt in das Ganze ein Centauren-

zug, — ein Centaur, dem sie über den Pferdeteil einen unmöglich
dicken und wirren Schafspelz geworfen haben, daß die freien Bein-
endchen erst ganz unten am Boden wie die Rädchen unter einem dicken
Weihnachtsschaf für Kinder dahinfahren. Wenn sich die dunkeln Spitz-
ohren dann plötzlich hochrecken über dem Stirnzottelwulst, die schwarzen
und auch bei hellfarbigeren Exemplaren noch besonders schwarz wieder
umrahmten Augen tückisch glänzen und aus der häßlichen Schnauze
die langen gelben Unterkieferzähne hängen, weiß man nicht, was diese
Satansfratze noch überbieten soll. Auch bei den Höckerkamelen mag
das tibetanische Wildtier am hübschesten sein, unsere zoologischen Gärten
haben es aber noch nicht gezeigt. Umgekehrt am wenigsten schön
präsentiert sich dagegen auf dieser Seite die dem Nackten am nächsten
liegende Zahmform des Dromedars. Das Kamel hat das vertrackteste
Hinterbein, das im ganzen Gebiet der lebenden Hirschverwandtschaft vorkommt. Man mag es fassen, in was für einer Stellung man will:
immer ist es wie aus einer Latte zuviel genagelt. Indem der fette,
beim Schreiten rhythmisch schaukelnde Kugelbauch den Oberschenkel
nämlich ganz frei läßt, während dieser Schenkel doch sonst bei diesen
Huftieren ins Fleisch dort hinaufgeschoben und in die Bauchmasse
eingegangen und verborgen erscheint, gleichzeitig aber unten das Kanonenbein als drittes Beinstück und zweites „Unterbein" schon in voller
Kraft ist, entsteht auch äußerlich am lebenden Tier, was sonst nur
am Skelett wirkt: ein vollkommen dreiteiliges Bein mit einem Oberschenkel und zwei vermeintlichen Unterschenkeln. Und die Illusion
und Mißform wird verstärkt durch den bei Wiederkäuern ebenfalls
völlig einzigartigen Fall, daß die Zehen noch einmal abknickend
einen flachen Fuß fast in Menschenlage darunter setzen. Je nackter der
Körper, desto greller tritt das alles natürlich heraus. Ein solches
Bein ist zweifellos praktisch durchaus seinen Anforderungen gerecht,
und die Herauslösung des Oberbeins hat ihren guten Spezialzweck
bei diesem ausgesprochenen Geher und nicht Läufer, so gut wie der
wieder flach gelegte Zehenschuh ihn hat. Trotzdem behält das ästhetische
Urteil auch sein Recht: es erscheint eine gewisse Umständlichkeit in
dem Ganzen, ein bißchen zu viel an Apparat, was die straffe Zweck-
wohlgefälligkeit stört.

Das aber geht wohl noch auf ein anderes Kapitel: nämlich
die Altertümlichkeit und geographisch-historische Eigenart des Kamels.
Bei ihm sehen wir zwar als lebendem Tier deutlich, daß es wieder-
käut. Dennoch ist die Spielform der uralten Dichobunidenecke noch

ebenso kenntlich, nach wie vor. Im Magen ist die echte Hirschvier=
teilung noch nicht rein: der Hinterkropf verschwimmt noch mit dem
Vorderkropf, der Vormagen mit dem echten Magen. Das Gebiß
wahrt jederseits mindestens einen oberen Schneidezahn, und die
Eckzähne bleiben oben wie unten deutlich als solche bestehen. Hier
wirkt also mitten im Wiederkäueranfang unverkennbar das Schwein
fort, so wenig auch im äußern Kamelbilde mehr von diesem da ist.
Beim jungen Kamel nähert sich die Zahnreihe sogar noch um ein
Stück mehr der Vollständigkeit des Schweinsgeheges, und gar der
Embryo (eine gute Bestätigung des bekannten biogenetischen Grund=
gesetzes) legt neben weiteren Schneidezähnen zunächst auch noch die
getrennten Mittelfußknochen (also ohne Kanonenbein) des Schweins
an. Solche embryonale Zähigkeit, in der die schweinerne Ahnenschaft
wie traumhaft doch immer noch einmal anklingt, bleibt allerdings auch
noch bei den hirschnächsten Oberstufen der Wiederkäuer, — wie sollte
sie also hier nicht. Was mir in all seinem Unschönen aber heute
dieses Kamel doch immer ganz besonders wert und interessant macht,
ist der Umstand, daß in ihm die einzige sichtbare Reliquie noch lebend
vor uns steht jener eigenartigen amerikanischen Urwiederkäuer und
Viertelschweine von damals, — die Reliquie einer ganz besondern
Säugerwelt, die wir sonst nur aus Skeletten, niemals aber in Fleisch
und Blut kennen würden. Sie hat mancherlei seither durchgemacht, diese
letzte noch ragende Säule. Auch sie ist aus kleinen Ahnen ein Koloß
geworden wie das Nilpferd. Auch sie ist in einer einseitigen Anpassungs=
form, als das „Schaf" jener damals in sich schon einmal weit ver=
zweigten Gesellschaft, erhalten geblieben. Trotzdem muß der spezifische
Typus des amerikanischen Zeitgenossen und Spielverwandten der
Anthrakotherien, Dichobuniden, Oreodonten im ganzen noch darin
stecken, und ihn suche ich, wenn ich ans Kamelgehege trete; er lebt
einzig und allein hier fort, ist einzig und allein hier physiognomisch
noch zu studieren. Und wie zäh er noch darin steckt, das zeigt wahr=
scheinlich sogar eine kleine, aber doch gerade so sehr interessante
anatomische Einzelheit. Von allen lebenden Säugetieren weichen die
Kamele heute in der Gestalt ihrer roten Blutkörperchen ab: sie ist
bei ihnen oval statt rein rund. Man hat das oft hervorgehoben,
ohne daß man etwas damit zu machen wußte. Ich denke mir, es ist
eine Eigenart, die der Stammvater gerade jener amerikanischen
„Wiederkäuerschweine" aus irgend einem Grunde erworben hatte und
die dann diese ganze amerikanische Gruppe in allen ihren Vertretern

zäh gekennzeichnet hat, bis sie mit der Mehrzahl dieser Vertreter
endlich wieder fast ganz erlosch; bloß das einzige überlebende Kamel
wahrt auch sie noch treu wie ein altes Adelszeichen seiner Sippe im Blut.

Bei alledem: vergessen wir aber das Wort Spielformen nicht.
Die wahre Linie zum Hirsch ist auch urweltlich niemals über die
Kamele weitergegangen, sondern muß bei kleinen dichobunidischen
Formen direkt angesetzt haben, — in der Zentralgruppe dieser Station,
der jedenfalls die erhaltenen Dichobunidenreste am nächsten stehen. Die
Dichobuniden verschwinden, wie erwähnt, auf der Grenze zum Mitteltertiär.
In diesem Mitteltertiär tauchen dann allmählich die ersten echten Hirsch=
verwandten auf. Den Übergang wird man also in den Knochensammlungen
unserer Museen, die dem Anfang des Mitteltertiär angehören, suchen.
Damals trieben sich drüben in Frankreich wie bei uns im Mainzer
Rheingebiet noch zahlreiche Rudel einer winzig kleinen dichobunidischen
Spielform herum, Tierchen von etwa 20 cm Höhe bei 35 cm Länge,
die man Caenotherien genannt hat. Ihre Backzähne sind schon echt seleno=
dontisch, und bei einer solchen Kleinform von wenig extremem Charakter
möchte man wohl die Vermittlung suchen; doch verraten diese munteren
Zwerglein selbst sie offenbar noch nicht. Wir sind bereits auf ein
Merkmal aufmerksam geworden, das da bedeutsam werden müßte:
wenn nämlich zu den selenodonten Backzähnen Schwund der oberen
Schneidezähne käme und unten der Eckzahn sich eng an die Schneide=
zähne anschlösse; das wäre die unverkennbare weitere Hirschdirektive.
Genau dieses Merkmal aber finden wir in der gleichen Zeit bei
einer Gruppe ebenfalls relativ kleiner Paarhufer, die sich an den
gleichen Orten damals bei uns zeigten. Bei absolut selenodontischen
Backenzähnen führen sie keinen einzigen oberen Schneidezahn mehr!
Ihr unterer Eckzahn ist dafür fast Schneidezahn geworden. Eine
lange Lücke trennt ihn von den Vorbackzähnen. Über sie greift der
stark entwickelte obere Eckzahn wie ein kleiner Säbel herab. Der
Fuß geht ohne Extrem auf den Hirschfuß los, zum Beispiel sind in
hübschestem Übergang vorne die beiden großen Mittelhandknochen noch
ohne Verschmelzung zum Kanonenbein, die entsprechenden Hinterfuß=
knochen dagegen erscheinen schon verschmolzen. Kein Zweifel: das ist
wieder jenseits allen Spiels. Das ist der dichobunidische Stamm=
typus um eine Stufe weiter im Kernholz gegen den Hirsch fortge=
rückt! Gelokus heißt eine etwas ältere französische Form derart,
Dorkatherium eine sehr verbreitete, etwas jüngere, die weit dann noch
durch das folgende Tertiär zahlreiche Knochen hinterlassen hat; sie

lebte an den damaligen heißen Quellen von Steinheim so häufig wie
in Eppelsheim bei Worms und ging von da später bis in die Vor=
berge des Himalaja. Da von den verschiedenen Arten dieses Dorkatherium
vortreffliche Reste erhalten sind (im Münchener Museum steht ein
Gelokus=Verwandter so tadellos restauriert als handle es sich um
ein modernes Skelett), so könnte der Heraldiker des Hirschstammbaums
also an dieser Stelle vollauf zufrieden sein. Wenn je irgendwo,
so ist hier der Übergang unmittelbar noch gegeben. Bezeichnend für
die glückliche Situation ist, daß selbst ein so vorsichtiger Urteiler wie
Schlosser in München, der Neubearbeiter der klassischen Zittelschen
„Grundzüge der Paläontologie", ohne jede Einschränkung den Satz drucken
lassen konnte: „Unter den Gelokinen haben wir sowohl die Ahnen der
Hirsche, als auch die Stammeltern der Cavikornier mit hirsch= oder
rinderähnlichen Backenzähnen zu suchen". Wieder aber setzt der Zu=
fall diesmal noch einen Drücker darauf. Das Tier Dorkatherium ist
lebend in Westafrika aufgefunden worden!

Seit Jahr und Tag kannte man eine sehr kleine lebende Paar=
huſer=Gruppe, die einen Vertreter im tropischen Afrika und ein paar
andere im südlichsten Asien hatte, vor der im ganzen aber alle
systematisierenden Zoologen mit einer gewissen Angst standen. Diese
geweihlosen, wiederkäuenden Zwerge, deren Männchen im Oberkiefer
nach unten vorstehende scharfe Hauer wie ein Pekari führten, wollten
nämlich in einem System der Wiederkäuer, das nach altem Brauch
bloß Giraffen, Hirsche, Rinder, Ziegen und Schafe unterschied und
damit die Akten schloß, schlechterdings nirgendwo hinpassen. Eine
Weile schloß man sie mehr aus Not als aus Gründen an das be=
rühmte Moschustier an, das man ebenfalls nicht recht zu placieren
wußte, und nannte sie also die „Zwergmoschustiere". Als sich indessen
herausstellte, daß dieses Moschustier nur ein verkappter und alter=
tümlicher Hirsch sei, waren die kuriosen kleinen Gesellen abermals auf
die hohe See des systematisch Ungewissen geworfen. Dabei kamen sie
wenigstens in den südasiatischen Arten öfter in unsere zoologischen
Gärten und gaben den Besuchern das Schauspiel so kleiner Huftiere,
daß schon aus diesem Grunde des Staunens kein Ende war. Die
winzigste Sorte erreichte noch nicht die Maße eines Kaninchens, —
ein Huftier, das neben Hirsche oder Ochsen sollte und kaum 20 cm
Höhe besaß!

Alle diese Wirrungen nahmen eines Tages aber ein Ende durch
nähere Kenntnis eben von jenen Gelokus und Dorkatherium. Dor=

katherium erwies sich bis auf eine unwesentliche Kleinigkeit der unmittel=
baren Gattung nach als identisch mit dem afrikanischen „Zwerg=
moschustier". Damit war der Notname selbst erledigt: man stand
nicht vor Moschustieren, sondern vor der äußersten Übergangsgruppe
vom noch einigermaßen schweinehaften zum echt hirschhaften oder an=
tilopischen Wiederkäuer. Ein Wort, das jenem afrikanischen Zwerge ge=
legentlich für sich zugelegt worden war, „Hirschferkel," faßte die Situation
weit treffender, und ich möchte die ganze lebende wie tote Gruppe,
die der Paläontologe heute die Traguliden zu nennen pflegt, deutsch
ganz einfach als die der Hirschferkel bezeichnen. Ferkel sind sie ja gewiß
nicht mehr. Aber zum letztenmal mischen sie Ausläufer ferkelhafter
Züge in das obere Wiederkäuerbild, das Hirschbild; hier hatte ja die
ganze frühere systematische Not allein gesteckt. Noch heute verwachsen
bei dem afrikanischen Hirschferkel die Mittelhandknöchelchen ganz
schweinshaft nicht zu einem Kanonenbein, während die lebenden
asiatischen Arten wenigstens im Alter auch hier zu einem Anschluß
kommen; noch heute führen bei der ganzen Gruppe die Afterzehchen
ihre ganzen Mittelschäfte ohne Verkümmerung; noch heute sind am
Unterärmchen Elle und Speiche schweinsmäßig frei und vollständig.
Am lebenden Tierchen ließ sich auch feststellen, was bei den fossilen
Knochen Ahnung bleiben mußte: daß zwar diesmal im Gegensatz zu
dem Kamelmagen der Hinterkropf schon deutlich da ist, daß aber der
echte Vormagen noch mangelhaft entwickelt ist. Überall also die letzte
Wende — im ganzen Tier eine alleräußerste Übergangsform von
staunenswerter Exaktheit des Modells.

Seit man diese ihre wahre Bedeutung kennt, sind die Hirsch=
ferkel für unsere einsichtigen Tiergartenleiter in den Rang kostbarer
Schaustücke aufgerückt, ohne die gerade eine gut geschlossene Wieder=
käuersammlung nicht vollständig erscheint, da ihr Türstück fehlen
würde. Heck ist es schließlich auch gelungen, die afrikanische Form,
also das echte noch lebende „Dorkatherium", das lange ein Desiderat
aller Gärten blieb, in Berlin einzuführen, so daß das äußere Bild
sich jetzt abgerundet geben läßt. Von der Dorkas, der Gazelle, hat
freilich dieses Dorkatherium schlechterdings gar nichts, es sei denn die
in dieser Gattung etwas beträchtlichere reine Körperlänge mit dem
Zollstock gemessen. Eine echte Antilope kann so klein und so kurz=
beinig sein wie sie will: sie wird doch immer nur eine Art Dackel
aus ihresgleichen bleiben, niemals aber Ähnlichkeit mit einem Hirsch=
ferkel bekommen. Feinere Systematik mag eine ganze Anzahl Einzel=

6*

arten unterſcheiden. Für den denkenden Beſucher des zoologiſchen
Gartens genügt, daß es eine grüne aſiatiſche Art gibt (die Farbe
grün iſt bei Säugetieren durchweg eine relative, je nachdem zu gelb=
braun überſpielend) mit weißen Flecken und Wellen und daneben eine
rote aſiatiſche, die im leuchtenden Goldrot ihres Pelzes durchweg ſtatt
heller Fleckung ſchwärzliche Schatten führt; das afrikaniſche Hirſch=
ferkel iſt dann rotbraun wie die letztere, aber mit der weißen Zeich=
nung der erſteren. Bei allen drei Typen tritt grob das Merkmal
des „ſchlecht geſtopften" Leibes, des dick überfüllten und ſackartig
hängenden Hinterteils hervor, das in einem früheren Teil dieſes Werkes
als ein faſt untrügliches Kennzeichen altertümlicher Säugetiere be=
zeichnet iſt. Die weiße Zeichnung wahrt auch jene Übergangsſtation
von reiner Längsſtreifung zu unvollſtändigen Wellenkämmen und
Flecken, die man in den einzelnen Säugergruppen durchweg bei primi=
tiveren Formen trifft. Die grüne Sorte, die ich wiederholt in London
und in Berlin, bald mit mehr Fleckung, bald mit mehr Streifung
wohl je nach geographiſcher Variante, geſehen habe, glich im phyſiogno=
miſchen Anblick ganz auffällig einem Nagetier vom Schlage der Aguti,
zumal wenn das winzige Kerlchen mit ſeinen roſaroten Öhrchen und
der ſcharfſpitzigen roſa Schnauze ſich ganz gewohnheitsmäßig wie ein
ſolches kleines Nagetier auf den Hinterbeinen hinhockte. Die Beſucher
hatten ja nicht viel Freude an ihm; in Berlin mußte man es ſtets
vom Wärter erſt heraustrommeln laſſen, worauf es ein paarmal
nervös herumhuſchte wie eine Maus, um ſich dann ſcheu abwartend
in jener Hockſtellung vor der Tür ſeines Schlafkaſtens zu poſtieren,
auf den Moment lauernd, wo es geräuſchlos wieder einfahren konnte.

Die rote aſiatiſche Sorte, das ſogenannte Kantſchil, fällt noch mehr
als die grüne durch die ganz abnorm rieſigen, wie ſchwarze Glas=
kugeln vorſpringenden Eulenaugen auf, gegen die der übrige Kopf mit
der ſterlethaften Spitzſchnauze wie vertrocknet erſcheint. Der meiſt zu
einer Art nach hinten verſchobenen Katzbuckels ein= und aufgezogene
Leib ſitzt recht ſchlecht proportioniert auf den kurzen und unheimlich
dünnen Beinchen, gegen die das Bein der kleinſten Zwergantilope
förmlich plump ausſieht. Das dicke Goldfell iſt ſehr beweglich, ſo
daß es ordentliche Wellen mit Glanzlichtern wirft. Auch hier tritt
der Wiederkäuer völlig zurück, die Körperſtellung gemahnt viel eher
an gewiſſe Beuteltiere. Ragen beim Männchen noch aus der Ober=
lippe die kleinen weißen Hauzähnchen wie ſcharfe Stacheln ſchief nach
hinten abbiegend vor, ſo weiß der Laie, dem keine genauere Angabe

im Namensschild hilft (leider fehlt die ja durchweg noch an unseren
Tierkäfigen; der Katalog soll's ersetzen, aber wer von den tausend
Besuchern vergleicht den beim raschen Rundgang), sich gar keinen Rat
mehr, in was für eine Tierordnung er diesen Gast setzen soll. Das
seltene, beträchtlich größere Hirschferkel vom Kongo wird seiner Vorliebe für sumpfige Flußränder wegen auch äußerlich gern noch auf
„Schwein" beschrieben. Seit ich es lebend gesehen habe, kann ich
dem aber nicht beipflichten. Ich möchte bei ihm viel eher den Vergleich
mit einer großen Zibetkatze anwenden. Dazu fehlt nur der derbe
Viverrenschwanz, der aber durchaus zu dem langen, kurzbeinigen
Körper mit dem meist marderhaft gesenkten Spitzkopf und dem hohen
dickgewölbten Hinterleibe passen würde und der, an dieses Sumpfhuf-
tier gesetzt, uns noch einen guten Begriff von den alten, wirklich
noch langgeschwänzten Anoplotherien machen könnte. Aufgefallen ist
mir eine gewisse sonderbare Verrenkung der Zehen beim Schreiten,
als wolle das Pfötchen zuerst ganz nach hinten abbiegen, drücke sich
aber dann etwas ungelenk wieder so herum, daß die Haupthufe den
Boden fassen. Die weiße Fellzeichnung ist wie mit einem weißen
Kalkpinsel aufgesetzt, der zuerst unter dem Hals und tief die Flanken
lang in regelrechten Horizontalstrichen malen wollte, dann aber vor
der Leibeswölbung ausgerutscht ist und einen Fächer einzelner loser
Kalkflecken nach oben verspritzt hat.

In den Hirschferkeln lag der letzte Anklang hirschhaft werdender
Tiere an das Schwein, — er lag darin, aber er erlosch auch darin.
Jenseits können wir jetzt paläontologisch wie lebendig nichts mehr erwarten, als echte und rechte Anfangsformen des Hirschs selbst. Und
in der Tat steht nichts im Wege, bereits mit der geschichtlich nächsten
Stufe systematisch die Familie (wie der Zoologe das nennt) der hirschhaften Huftiere beginnen zu lassen, — freilich unter Aufnahme dort
noch einiger innerer Übergangsformen, die der Laie im zoologischen
Garten nach seiner Kenntnis und Anschauung ganz gewiß nicht zu
diesen Hirschtieren rechnen wird. Zeitlich muß der Entwickelungs-
anfang auch dieser Familie noch im Anfang des mittleren Tertiär-
drittels, also zu Beginn der sogenannten Miozänperiode gelegen haben.
Örtlich kann man die verschiedensten Gegenden der Nordhalbkugel
dafür ansetzen. Hirschferkel haben damals, wie gesagt, vom Rhein bis
zum Himalaja gelebt und konnten überall dort die neue Zeit in die
Wege leiten. Es sind aber auch drüben in Nordamerika von den so
emsig spürenden amerikanischen Paläontologen mehrere Geschöpfe aus

dieſer Zeit beſchrieben worden, die frappant unſeren Hirſchferkeln ähneln
und als „Hypertraguliden" mindeſtens als ſehr enge Spielgruppe
neben ſie zu ſtellen ſein dürften. Schließlich könnte alſo auch Amerika
als Fortſchrittswiege des Neuen gelten, wenn man nicht gar (wogegen
ich allerdings hier wie anderswo ſtets eine gewiſſe Abneigung fühle)
mehrere ſolcher Wiegen, die nachher zu völlig identiſchen Vertretern
der höheren Stufe geführt hätten, annehmen will.

Einerlei: der „Hirſch" ſtieg damals auf. Dabei müſſen wir aber
jetzt zu ſeiner engſten Charakteriſtik innerhalb unſeres von unten
heraufgeleiteten Werdegangs noch eines ſcharf ins Auge faſſen.

Denken wir uns ein Hirſchferkel um ein paar kleine Merkmale
erhöht — denken wir es mit dauernd und in allen Arten auch am
Vorderfuß ausgebildetem Kanonenbein unter gleichzeitigem mehr oder
minder engem Anſchluß auch der ſeitlichen Mittelfußknochen an dieſen
Hauptſtamm, — denken wir es mit einem völlig vierteilig gewordenen
Magen — nun ſo hätten wir ja am Ende bereits den echteſten Hirſch.
Hier aber iſt immer noch eines ausgelaſſen, das jetzt in den Mittel=
punkt aller Betrachtung rücken muß. In allen jenen anatomiſchen
Punkten iſt es beim Hirſchferkel nur nötig, gewiſſe ſchon offenſichtlich
fließende Beſitztümer (Magen, Kanonenbein) etwas weiter im
Fluß zu halten, um zum Hirſch zu kommen. Eins aber iſt auch
hier überhaupt noch nicht da und muß ſchlechterdings zu dieſem Schritt
erſt ganz neu geſchaffen werden. Das Hirſchferkel beſitzt noch keine
leiſeſte Andeutung vom Hirſchgeweih! Das Geweih des Hirſchs aber
war ja eben das, auf deſſen Geneſis wir ganz beſonders kommen
wollten. Und in der Tat iſt es ſchon äußerlich ſo entſcheidend, daß
die ſtrenge Syſtematik die ganze engere Familie hirſchhafter Tiere,
um die es ſich jetzt für uns handelt, gern als die Cervikornier oder,
ohne Fremdwort, die Hirſchhörnler oder (noch beſſer im Sinn ver=
deutſcht) die Geweihträger bezeichnet hat.

Immerhin würde der nächſtliegende Gedanke ſein, daß eben die
folgende Stufe jenſeits des Hirſchferkels auch dieſes Geweih eines
Tages „erworben" hätte. Und paläontologiſch, auf der Knochenſchau,
wie wir bisher gegangen ſind, würden wir im Muſeum uns umſehen
nach einer ſolchen Form in der Miozänzeit, die es uns zuerſt offen=
barte. So leicht kommen wir jedoch hier nicht durch. Wir erinnern
uns an den ganzen Komplex von Dingen, die ſich uns gleich bei der
flüchtigſten denkenden Durchmuſterung des Geweihes vor Augen ſtellten:
Ornamentbeziehungen darin, erotiſche Beziehungen, periodiſches Wachs=

tum, Abwerfen und Erneuern und was der rätselhaften Punkte mehr
waren. Hier steckt offenbar nicht bloß ein einzelnes neues Merkmal,
sondern ein ganzer Strauß aus solchen. Für die geschichtliche
Betrachtung muß aufs höchste wahrscheinlich werden, daß das alles
nicht auf einmal fix und fertig auf den Plan getreten sei, sondern
sich selber erst stufenweise eingefunden habe. Was für eine Stufe
aber da wieder die erste sein könnte, muß als Richtfrage auftauchen.

Nun, vor einer Stufe stehen wir ja auf alle Fälle im Moment
schon als Ausgangspunkt: nämlich wir wissen, daß bis einschließlich
zum Hirschferkel alle werdenden Hirschtiere überhaupt noch kein Geweih
hatten. Es ist negativ immer schon etwas, daß so nahe der Voll=
endung zum Hirsch also das Geweih noch fehlte. Ist es heute die
Krone des Hirschs, so ist diese Krone doch erst ganz spät auf ein bis
dahin kahles Haupt gedrückt worden. Inzwischen kennen wir aber
einen „geweihlosen Hirsch" als solchen auch heute noch. Mit einer
einzigen Ausnahme führen ja doch alle weiblichen Hirsche uns diese
kahle Form vor. Vorstellen können wir uns also diesen negativen
Ausgangspunkt noch jetzt recht gut bis in den Hirschtypus selber hinein.
Aber in was für einer Urgestalt trat nun die erste Änderung auf?

Die Geweihe der männlichen Hirsche, die wir lebend kennen, geben
eine riesige Musterkarte sehr verschiedenartiger Modelle. Man muß die
Geweihsammlung eines großen Museums besuchen, sie alle an sich
vorbeiziehen lassen, vom kleinen Zierstück des Rehbocks bis zur kolos=
salen Elchschaufel. Und es ist gesagt, daß dazu noch tollste paläon=
tologische Arabesken kommen. Dem Blick schwindelt, der wählen soll.
Doch anstatt uns in dem wilden Formenmeer zu verirren, halten
wir ihn lieber bei einer einfacheren, aber bedeutsamen Eigenart, die
merkwürdigerweise all diesen Geweihen, sie mögen so kraus oder
schlicht sein, wie sie wollen, schlechterdings gemeinsam ist.

In jeglichem dieser Schädelgebilde aller lebenden Hirsche der
Erde stecken, wir sprachen schon einmal oberflächlich davon, zwei Grund=
teile, zwei Grundelemente gleichsam. Ein bleibendes und ein wechselndes
Element. Das bleibende ist der Rosenstock, also jener fellumwachsene
Stamm am Schädel, der einmal gebildet wird, um dann während
des ganzen Lebens nicht mehr abzufallen. Das wechselnde dagegen
ist die eigentliche Geweihstange, die alljährlich neu aus diesem Rosen=
stock hervorwächst, dann ihre Haut verliert, endlich wie tot wieder
abfällt, um in fester Periode abermals erneuert zu werden. Bildlich
kann man die beiden Elemente durchaus im Verhältnis einer Wurzel,

die perenniert, nehmen und einer wiederholt daraus auffſprießenden,
aber in ſich vergänglichen Pflanze. Es bedarf nur geringer Phantaſie,
um ſich zu ſagen, daß in dieſem Betracht eigentlich jeder Hirſch zwei
Geweihe trägt, nicht nur die zwei nebeneinander, ſondern in jedem
Geweihpartner ſelber ſchon je zwei Geweihformen übereinander oder
nacheinander. Ein perennierendes Geweih im Roſenſtock und ein ver-
gänglich-wiederkehrendes in der Stange. Und das zweite zugleich
ſozuſagen urſächlich bedingt und erzeugt durch das erſte.

Hiſtoriſch aber würde dann die nächſtliegende Annahme ſein,
daß ſich hier zwei Stufen der Hirſchentwickelung ſpiegelten. Eine,
wo er bloß das erſte, das Dauergeweih, das Wurzelgeweih beſaß.
Und eine zweite, da er aus dieſem Urgeweih erſt das zweite trieb.
Mit andern Worten: daß es urſprünglich nur Hirſche gegeben habe
mit dauernden Roſenſtöcken, die zeitlebens noch keine Stangen trieben;
und dann erſt Hirſche mit dem Doppelgeweih aus Roſenſtockwurzel
und Stangengewächs. Anſchaulich machen können wir uns auch das
heute gelegentlich noch recht gut. Wie die Hirſchkuh heute noch einen
ganz geweihloſen Hirſch zeigt, ſo iſt auch der ſtattlichſte Manneshirſch
in der alljährlich kehrenden Spanne, da er ſeine Stangen abgeworfen
hat, ein leibhaftig vor uns wandelnder reiner Roſenſtockhirſch, der
nichts an Geweih führt als eben die Roſenſtöcke. Im Leben jedes
Einzelhirſchs ſind auch die Roſenſtöcke älter als das Stangengeweih.
Nach dem Geſetz, das ſich ſo oft als Leitfaden im Labyrinth der
Stammbaumfragen erweiſt, iſt aber das, was zuerſt vom Einzeltier
in ſeiner Körperanlage gebildet wird, gewöhnlich auch das ältere,
erſtentwickelte in der Geſchichte ſeiner Art. Wohl, dieſes Geſetz erleidet
gar manche Ausnahme, gar manche Verſchiebung, es iſt keineswegs
immer der abſolute Pfadfinder. Aber nehmen wir immerhin jene
Hypotheſe einmal an vom reinen Roſenſtock als Urgeweih, wie weit
wir damit kommen mögen. Dann entſteht die Frage, wie und weshalb dieſes Roſenſtockgeweih ſich jenſeits der Hirſchferkelſtufe eingeſtellt
haben möchte? Verweilen wir dazu noch einen Moment bei dem
Roſenſtock ſelbſt, wie er ſich heute gibt.

Der Roſenſtock iſt keine Waffe. Wenn er eine wäre, machte es
wenig Schwierigkeit, ſich ſeine Entſtehung zu denken. Warum ſollte
nicht irgend ein kleines Hirſchferkel ſich hier einen Schutz mehr, eine
Verteidigung wenigſtens gegen kleine Angreifer, zugelegt haben, — im
Darwinſchen Sinne, daß irgend eine kleine Veränderung am Leibe,
die zunächſt wie ein zufälliger Mißwachs ausſchaut, raſch bewahrt

und hochgezüchtet wird, wenn sich ein merkbarer Nutzen im Daseins=
kampfe der Art damit verbindet. Aber wir sahen, daß der Begriff
der Waffe schon auf die Stange nicht ohne weiteres paßte, so gut sie
gelegentlich beim Angriff als solche funktionieren kann. Weit darüber
hinaus und offenbar in ihren Wesenszügen ist diese Stange ein
Ornamentalgebilde, eine vom Nutzen abstrahierende, rhythmisch gebaute
Körperarabeske, in der zugleich eine Beziehung zum Liebesleben steckt.
Der Rosenstock, im Prinzip ein Schädelprodukt wie die Stange, kommt
als Waffe aber überhaupt nicht in Betracht, gleichzeitig aber fehlt es
auch ihm offenbar nicht an erotischem Anschluß. Auch er hat fast
stets eine feste Beziehung zum Männchen, und am Schädel ist er
eben doch die engere Wurzelstelle, die periodisch im Anschluß an die
Liebeszeit die Stange aus sich hervortreibt. Wenn er für unser Auge
nicht ornamental im Stangensinne erscheint, so behält doch auch er
den Charakter einer „Zutat". Nennen wir ihn eine hautbedeckte
Knochenwarze. Wir haben gesehen, wie bei den Warzen im Gesicht
gewisser Schweine nichts übrig blieb, als auch von einem „Ornament"
zu reden, rein um den Gegensatz zu einem Nutzorgan im Daseins=
kampf zu bezeichnen. Wenn der Rosenstock einmal zunächst für sich,
ohne Stange, aufgetaucht sein soll, so kann auch er historisch nur als
solche ornamentale „Zutat" entstanden sein, der sich dann eventuell
gleich oder bald auch eine erotische Beziehung beimischte.

Ein Wort dabei über den allgemeinen Begriff des „Ornamen=
talen" in der Lebensentwickelung, — zur reinlichen Klärung. Wenn
wir auf die unendliche Fülle der Lebewesen und ihrer Formen schauen,
so kann uns nicht entgehen, daß auf Schritt und Tritt dort noch
etwas zweites neben den reinen Nützlichkeitsgestaltungen waltet. Der
schlicht praktische Sinn geht ja bei allen Deutungen, wie schon einmal
erwähnt ist, am liebsten von der Nützlichkeit aus. Darwin hat auch
gezeigt, wie solche Nützlichkeiten sich durch den Zwang des Daseins=
kampfes selber durchsetzen, wie sie sich beständig rein herauszüchten
müssen. So kann es nicht anders sein, als daß eine Masse Körper=
merkmale, Organe, Abzeichen, Besitztümer aller Art der Tiere und
Pflanzen heute bereits durch lange Dauer dieser Reinzucht, dieser „Aus=
lese des Passendsten" wirklich auf unmittelbare Nützlichkeitswerte der
Lebenserhaltung, auf „Schutzanpassungen", eingestellt sind. Und man
könnte versucht sein, die ganze organische Formenwelt ausschließlich
so zu erklären. Im Banne der Ideen Darwins, die so segensreich für
unsere biologische Erkenntnis gewirkt haben, ist das auch genügend

geschehen. Inzwischen dürfen wir uns den Blick aber nicht einseitig
beeinflußen lassen.

Jener Nützlichkeitszwang im Sinne Darwins arbeitet bekanntlich
nicht so, daß etwa im Lebensbereich das jeweilig Nützlichste vom Formen=
drang der unablässig schaffenden Natur beständig direkt erzeugt werde.
Sondern dieser Formendrang wirft (aus eigenen, hier dahingestellten
Ursachen) eine unerschöpfliche Fülle indifferenter Varianten herauf, aus
denen dann jenes Erhaltungsgesetz des Nützlichen erst auf praktische
Brauchbarkeit für den Daseinskampf nachträglich ausliest. Es ist klar,
daß dieser Ausleseprozeß beständig eine Art Polizei gegenüber dem
Formenreichtum des schöpferischen Grundes ausübt. Er begünstigt
gewisse Würfe sehr rasch, während es andererseits nicht wahrscheinlich
ist, daß er grob unpraktische, direkt gefährdende Formvarianten längere
Zeit bestehen läßt. Aber bei der beständigen ungeheuren Massenpro=
duktion des variierenden Formwerfens liegt es nahe, daß stets eine
Menge praktisch mehr oder minder indifferenter Formen doch auch in
das Gesamtbild eingehen. Man könnte ja denken, daß ein gewisses
Gesetz der Sparsamkeit auch diese Fülle ablehnen, als kraftraubenden
„Luxus" ausmerzen werde zugunsten bloß weniger, aber möglichst
gelungener Nutzanpassungen. Aber es scheint, daß die Praxis des
Lebens über eine so kolossale Energie verfügt, daß dieses Leben faktisch
sehr viel mehr tragen, sehr viel mehr sich noch leisten kann, ohne
Schaden zu leiden. Offenbar vermag es beständig noch eine überaus
beträchtliche Summe an indifferenter Luxusproduktion mitzuschleppen,
die, wenn sie nur nicht gerade aggressiv schädlich ist, sich auf ein
Überschußkonto an Kraft verrechnet, ohne der Kontrolle der Zucht=
wahlpolizei zu verfallen.

Wirklich sehen wir im System der Lebewesen eine fast be=
ängstigende Dauerfülle an Formen, die weit über das einfache, stets
nach größter Vereinfachung drängende Nützlichkeitsschema hinausgeht.
Man erinnere sich an den unfaßbaren Formenreichtum etwa der In=
sekten, der Mollusken, der Blütenpflanzen, der mikroskopischen Ein=
zeller. Überall hier sieht man die Nützlichkeitsanpassung bei der Arbeit,
ein ungeheures anbrandendes Meer verschiedener Formen polizeilich
zu reglementieren und in gewissen Punkten vor gleichen Milieube=
dingungen zu uniformieren, ohne daß doch irgendwie die Flut im
ganzen dabei gehemmt werden könnte oder sollte.

Das gilt aber nicht bloß von der systematischen Typen= und
Artenfülle im ganzen, sondern ebenso sehen wir in jeder einzelnen

Körperorganisation jeglicher Einzelart das gleiche walten. Neben den unmittelbaren reingezüchteten Nutzorganen, Nutzgebilden des Körpers gewahren wir auch da eine beständige Tendenz, zur Nützlichkeit indifferente Luxusanlagen mitzuführen. Es ist allerdings klar, daß solcher zeitweise mitgeschleppte Luxus bei neuen Anpassungsforderungen immer in der Folge auch selber wieder Neumaterial für neue praktische Nützlichkeitsauslesen liefern könnte (ein als Luxus gegebener Auswuchs könnte z. B. gelegentlich ein Ruder, einen Verteidigungsstachel geben, eine Luxusfarbe eine Schutzfarbe), und man könnte ihm in diesem Sinne doch auch selber ein Teil Nutzwert zuschreiben, — könnte sagen, es sei für die Organismen auf die Dauer nützlicher gewesen, stets solchen Reserveluxus mitzuschleppen für mögliche Fälle, anstatt das Körperbudget bloß auf das im Moment Sparsamste einzurichten ohne Rücksicht auf Änderungsmöglichkeiten. Doch lassen wir das bei= seite und beschränken uns auf das reine Phänomen des beständigen Vorhandenseins von Luxusproduktion im gegebenen Spiel.

Wir wissen zurzeit nicht, was für eine organische Triebkraft das ungeheure Formvariieren selbst bewirkt. Wissen es trotz Darwin absolut nicht. Über seine eigene innere Gesetzmäßigkeit kennen wir deshalb von innen heraus auch so gut wie nichts. Wohl aber glauben wir etwas davon gelegentlich als äußeres Phänomen zu sehen. Schon bei der einfachen Erhaltungsauslese der Arten scheint eine Eigentümlichkeit der Varianten, die eine tiefe Gesetzmäßigkeit anklingen läßt, bedeutsam zu werden. Ein Teil der Varianten des Spiels ist mehr oder minder bloß halbe, unfertige Ware, während ein anderer in sich harmonische, ganz durchgearbeitete Neumodelle zu liefern scheint. Nur die letzteren scheinen die Möglichkeit wirklicher neuer Arter= haltungen zu umschließen. Es ist das der Gedankengang, für dessen Begründung neuerlich Hugo de Vries mit so starkem Nachdruck eingetreten ist. Jene in sich völlig gleichmäßig erneuerten, harmonisch in allen Teilen neu geordneten Varianten nennt er Mutationen, und sie allein hält er überhaupt für dauerfähig. Wie weit das nun gehe (und die Untersuchungen sind noch im Gange): jedenfalls würde die Existenz solcher Mutationen schon auf sehr reiche und in= teressante Gesetzmäßigkeiten innerhalb des so gern als „Zufall" be= zeichneten Variantenwerfens selbst hinweisen, Gesetzmäßigkeiten, die noch ganz außerhalb der nachträglichen Nützlichkeitsauslese arbeiten und doch offenbar schon eigene Direktiven in der Formgebung durch= führen.

Und die Spuren einer solchen inneren Gesetzmäßigkeit finde ich nun als reines (zugegeben vorerst im innersten noch unerklärtes) Phänomen auch in gewissen Eigenentwickelungen, die sich bei jenen mitgeführten Luxusproduktionen vielfältig (und vielleicht auf die Dauer immer) ebenfalls völlig unabhängig von allen Nützlichkeitsdingen geltend machen. Ich meine nämlich die sichtbare Tendenz dieser Luxusgebilde zu rhythmisch=ornamentaler Ausgestaltung, — zur Ausbildung einer, wie wir menschlich in den bestgelungenen Fällen sagen würden, „Kunstform".

Man braucht es aber gar nicht menschlich in diesem Sinne auszudrücken, sondern kann es auch rein mathematisch als ein gewisses harmonisches Verhältnis der Teile mit rhythmisch sich wiederholenden, symmetrischen Anordnungen und so weiter entwickeln. Daß man es menschlich so ausdrücken kann, ist ein Kapitel für sich, das ich aber hier nicht des näheren ausführen will. Mir persönlich ist der Gedanke sympathisch und diskussionsfähig, ob nicht der Mensch, der ja doch auch nur ein Stück Lebensarbeit mit allem inneren Gesetzeszwang einer solchen ist, in seinem Kunstempfinden und Kunstschaffen, das zum reinen Nützlichkeitsgebrauch gehalten ja ebenfalls pure Luxusproduktion bedeutet, nicht ähnlichem rhythmischen Formenzwang unterliege, der aus der gleichen Gesetzmäßigkeit in der bildenden organischen Substanz unseres Gehirns entspringt. Unsere Kunst manifestiert sich freilich äußerlich nicht in wachsenden Körperorganen, sondern ebenso in eigenartigen stofflichen Projektionen nach außerhalb wie es unser Nützlichkeitsstreben im Werkzeug tut; aber die innere Analogie, die vielleicht an Identität grenzt, bleibt. Doch das hier nur nebenbei und wie man's nehme.

Daß aber die echte körperliche Luxusproduktion in allen tierischen und pflanzlichen Körperbildungen eine ausgesprochene Tendenz zum Ornamentalwerden habe, das, meine ich, kann nicht bestritten werden.

Etwas von dieser Tendenz haftet ja anscheinend schon an jedem überhaupt dauerfähigen, artbildenden Variieren. Das berührt wieder den de Vriesschen Gedankengang. Darum sehen wir wohl in den großen Typen=, Klassen=, Familienverschiedenheiten des tierischen und pflanzlichen Systems bis in die Artunterschiede hinein so viel kristallinisch=regelmäßige Formvarianten, so viel ornamentale Gesamtgestaltung, so viel rhythmisch durchgeführte „Baustile", die unter der Nützlichkeitsanpassung überall durchschimmern als eine innere zähe

Gesetzmäßigkeit und sich von allem noch so eifrigen Verwischen durch die Nutzzüchtung so wenig ganz unterkriegen lassen, wie der Grundbau etwa eines ornamental geordneten Tempels in der nachträglichen Verwertung für die praktischen Zwecke einer Festung.

Sozusagen in freier Reinkultur aber tritt das Prinzip eben dort hervor, wo der Kampf ums Dasein mit seiner Nützlichkeitspolizei überhaupt für gewöhnlich nicht hinreicht, nämlich in den aus reiner Lebensenergie durchgesetzten und mitgeführten Luxusproduktionen der einzelnen Organbildung.

Wo eine solche Luxusproduktion sich einnistet und sei es als kleinstes Knochenwärzchen etwa am Schädel, da zeigt sie bei ungestörter Sonderexistenz eine Wachstumsenergie, die innerlich unablenkbar auf ornamentale Biegung, Gliederung, Fiederung, rhythmisch regelmäßige Sprossung, ornamentale Drehung, Spiralwindung, Wiederholung in wahrhaft kristallinischer Strenge und Folgerichtigkeit irgendwie loslenkt. Ist's Färbung, so geht ihr Weg auf die Dauer durch bestimmte Musterreihen im Wechsel von Streifung zu Fleckung, bestimmtes Nebeneinanderfügen von Kontrastfarben usw.

Wenn's zu toll wird, dämmt ja die nachträgliche Auslese im Daseinskampfe, die kein Einzelorgan in den Himmel wachsen läßt, auch hier je einmal wieder von Nützlichkeitspolizei wegen so ein, daß sie dem Zuviel ein Veto setzt. Aber in guten Sachlagen, bei bequem liegenden Organen, bie Tieren etwa in Asylen, wo bei Mangel an Angreifern der Kampf ums Dasein im ganzen sowieso einmal etwas pausiert, mag das innere Uhrwerk dieses Ornamentalzwanges wohl schon ein gewaltiges Stück weit laufen und zuletzt schier unglaubliche „Zier" schaffen, ohne mit jener Polizei in Konflikt zu geraten. Die Knochenwarze kann zur kühn verzweigten oder geschraubten Arabeske werden, die stets in sich, im mathematischen Verhältnis ihrer Teile, eine Annäherung an strengste ornamentale Harmonie zeigt, obwohl dem nüchtern praktischen Nützlichkeitsblick davor angst und bange werden mag; oder die überzählige Feder, die sich toleriert neben den zum Nutzflügel einberufenen angenistet hat, mag zum riesigen farbenprangenden Federbusch auswachsen, der den ganzen Flügel im äußern Bilde weit überstrahlt.

Daß das Gesetz dabei latent überall im Organismus steckt, sehen wir auch gut, wenn etwa ein Organ, das lange als reine Nützlichkeitssache gewirkt hatte, durch irgendeine äußere Änderung in dieser Hinsicht wertlos, also nachträglich zur Luxuszutat wird. Durchweg geht dann sogleich auch an ihm das Ornamentalspiel los. So etwas haben

wir wahrscheinlich bei den Stoßzähnen des Mammut=Elefanten, die
ursprünglich praktisch nützliche Zweigknacker im Urwalde waren, später
aber in der Moossteppe der Eiszeit ihren Zweck verloren und jetzt
zu ornamentalen Spiralen auswuchsen; oder in dem im vorigen
Bande dieses Buches erörterten Beispiel der grotesken Nasenzapfen
der Titanotherien. Solcher Übergang von dem einen Prinzip ins
andere ist meist nicht ungefährlich für die Art und kann zu Kata=
strophen führen, da er leicht ein schon hoch spezialisiertes, sehr großes
Organ ins technisch Unmögliche steigern kann, anstatt bloß indifferent
zum Nutzen weiterzubauen, wobei die Art zugrunde gehen kann, ehe
sie das wuchernde Organ wieder los ist.

Nun aber gewahren wir bei diesen Ornamentalgebilden noch
etwas offenbar sehr Bedeutsames, wenn es auch wahrscheinlich als
solches erst eine Sache zweiten Grades dabei ist. Diese ornamental
vorgehende Luxusproduktion zeigt mindestens in den oberen Reihen
der Lebewesen eine ausgesprochene Tendenz, sich an das Liebesleben
anzugliedern. Bei vielen Tieren treten prachtvolle Ornamentalgebilde
in Formen und Farben im Verlaufe ihres individuellen Lebens nur
in den Brunstzeiten, den Liebeszeiten, hervor. Fische, Molche, Vögel
aller Art zeigen periodisch dann ein jähes Wachstum der Luxus=
produktion dieser Art, während zu anderen Zeiten diese ganze Bildung
sinkt und fast oder ganz unmerkbar wird. Man spricht in diesem
Falle von „Hochzeitskleidern" der betreffender Tiere. Bei den Schmetter=
lingen, wo die individuelle Lebensbahn in die Abschnitte einer
Metamorphose zerfällt, von denen nur der letzte der Liebe dient,
konzentriert sich die ornamentale Schönheit wesentlich auf diesen einen
letzten Abschnitt. Vielfach auch beschränkt sich diese erotisch bein=
flußte Steigerung und Einstellung der ornamentalen Luxusproduktion
nicht nur auf die Brunstzeit überhaupt, sondern sie findet sich bloß
bei einem der beiden Geschlechter, meist dem männlichen, während das
andere leer ausgeht.

Worin nun diese auffallende Beziehung beruht, ist offenbar wieder
ein Problem für sich. Von der einen Seite läßt sich betonen, daß
das Liebesleben selber ja eine gewisse Analogie biete zu den Zügen,
die auch sonst der Ornamentbildung günstig zu sein scheinen. Es
stellt eine Entlastungszeit vom Daseinskampf dar, eine Art paradiesischer
Asylzeit. In gewissem Sinne verkörpert es einen wunderbaren Lebens=
luxus des sonst gehetzten und geplagten Individuums. Ganz gewiß
ist es im Einzelleben die Epoche der intensivsten Aufrüttelung aller

Kräfte, also vermutlich auch aller Plus-Energien bis zur überschäumenden
Verschwendung. Hierher könnte sich eine wahre Explosion der ornamentalen Wirkungskräfte gezogen haben. Die gelegentliche Beschränkung
bloß auf das eine Geschlecht könnte dann aus dem nachträglichen
Widerspiel des Luxusdranges und der Nützlichkeitspolizei entstanden
sein, z. B. bei den Offenbrütern unter den Vögeln so, daß diese
Nützlichkeit wenigstens dem Weibchen das schlichte Schutzkleid wieder
aufgenötigt oder dauernd erhalten hätte. Oder daß etwa bei den
Säugetieren die Nützlichkeit ein Veto eingelegt hätte beim Weibe, um
es nicht zu viel Energie, die es zum Austragen und Säugen der
Jungen nötig hat, an Luxus verpulvern zu lassen.

Man weiß aber auch, wie Darwin, der nicht nur zu jeder Ausmerzung
sondern auch jeder Steigerung gern eine „Züchtung" haben wollte, auch
hier noch ein besonderes erotisches Zuchtmotiv in die Sache zu bringen versucht hat. Bei den höheren Tieren sollten die beiden Geschlechter sich schon
sehen und selber auf den Reiz des Wohlgefälligen reagieren, der von
solchen Luxusornamenten ausginge. Und bei der Liebeswahl sollte
der Reiz dieser Ornamente individuell den Ausschlag geben. So würde
das Ornamentale stets weiter heraufgezüchtet, zugleich aber fiele sein
ganzer Zweck in die Zeit der Liebeswahl, und so sei es vielfach direkt
hierher geschoben worden. Wo die Weibchen einseitiger die Liebeswahl
zwischen zahlreichen werbenden Männchen ausübten, da sollte der
Ornamentalluxus auch einseitiger bloß den Männchen angezüchtet
worden sein, und so fort.

Darwin meinte wohl sogar mit diesem Prinzip durch die ganze
Ornamentalfrage zu kommen, dergestalt, daß alles eigentlich Ornamentale in der Lebenswelt erst durch solche Liebeswahl aus in-
differenten oder zufälligen Anlässen heraufgezüchtet wäre. Das
ist nun bestimmt nicht so. Das Wahlprinzip kann nur für sehr
hohe Tiere mit gut entwickelten Augen gelten, während wahre Wunder
des echtesten Ornamentalprinzips sich schon bei einzelligen Urwesen
(z. B. den Radiolarien) finden. Die außerordentlichen Finessen der
Ornamentierung selbst z. B. auf den Schmetterlingsflügeln machen
es aber selbst bei schon höheren Tieren, wo Augen da sind und über
die Beziehung des Ornamentalen zum Erotischen an sich kein Zweifel ist,
meines Erachtens mindestens recht schwer, an ein Walten der Liebeswahl gerade in diesen höchsten Vollkommenheiten zu glauben. Wie
denn überhaupt dieser ganze Gedanke Darwins von der „geschlechtlichen
Zuchtwahl" viele Gegner gefunden hat und noch immer findet.

Inzwiſchen will ich für die höchſten Tiere immerhin offen laſſen, ob
nicht auch von hierher mindeſtens nachgeholfen und nachgezüchtet ſein
kann in Linien hinein, die aber ſchon von innerſten Bildungsnotwendig=
keiten aus jedenfalls ſelber im Lauf waren. Doch muß das ſtets
Sache ſubtiler Beobachtung im Einzelfall bleiben, während das all=
gemeine ornamentale Faktum, ſowohl an ſich wie in ſeiner erotiſchen
Angliederung, unter allen Umſtänden vor jedermanns Augen iſt. Für
unſern Zuſammenhang genügt es aber, das Phänomen in ſeinen Haupt=
punkten zu fixieren: Luxus erhält ſich vielfach bei der Organbildung als
ſolcher; ſich erhaltend neigt er über kurz oder lang durchweg zu eigenen
Fortbildungen im Sinne einer ornamentalen Geſetzmäßigkeit; — beſonders
im letzteren Falle aber ſehen wir ihn im oberen Tierbereich vielfältig
aufs engſte verknüpft mit dem Liebesleben, wobei noch wieder im
engeren vielfach das Männchen mehr begünſtigt iſt.

So viel allgemein. Gehen wir jetzt wieder damit zum Roſen=
ſtock zurück und der Frage nach ſeiner Entſtehung.

Auch in der Geſchichte des Hirſchs haben wir weit unten bereits
ornamentale Bildungen erlebt, z. B. in den Formen und Farben des
Pinſelſchweins. Auch die Fleckſtreifung der Hirſchferkel gehört mindeſtens
zum Teil noch hierher, denn wenn es für ein Buſchtier mit Licht= und
Schattengittern auch unter den Nutzen fallen mag, eine unruhige Zeichnung
zu beſitzen, die es vor dem Verfolger verſchwinden läßt, ſo offenbart
die Methode der Fellzeichnung doch deutlich genug auch das Einſpielen
eigener ornamentaler Geſetzmäßigkeiten frei vom Nutzen; der Zoologe
Eimer hat ſchon vor vielen Jahren auf das Geſetz gewieſen, in dem gerade
die Hirſchferkelzeichnung eine deutliche Station bildet: wie Längs=
ſtreifung durchweg zuerſt auftritt, ſich dann in Längsreihen von
Flecken auflöſt, bis endlich die Flecken ſenkrecht verſchwimmend Quer=
ſtreifen bilden; das iſt aber ganz unzweideutig ein ornamentales
Geſetz außerhalb aller Schutzzuchtwahl. Des Ferneren ſahen wir
gewiſſe Warzen und Knochenprotuberanzen bei Schweinen auftreten.
Endlich als ſichtbarſtes, auch ſchon völlig erotiſches Zeichen die Aus=
geſtaltung der Eckhauer, wie ſie in dem Babiruſamännchen gipfelte.
Auch dieſes „Zahnornament“ hielt ſich bis zu den Hirſchferkeln, wenn
ſchon die amerikaniſche Seitenlinie, die der Kamele, es gelegentlich völlig
verlaſſen hatte.

Nach dieſer ſchon vorher disponibeln ornamentalen Muſterkarte
iſt nun vor dem Roſenſtock ſofort erſichtlich, daß auch er zunächſt
nur die ſchlichte Fortführung eines beſtimmten Falles dort darſtellte.

Auch ein solcher Rosenstock ist nämlich anatomisch zunächst nichts anderes, als eine mehr oder minder starke Knochenwarze je der beiden Stirnbeine am Schädel. Die Knochenauswüchse, wie sie etwa bei dem urweltlichen Halbschwein Elotherium aus dem Unterkiefer kamen, haben sich einfach hier auf der Stirn etabliert.

Und das also wäre das erste Geschichtsproblem wieder: ein hirschhaftes Tier jenseits der Hirschferkel, bei dem der Luxusdrang sich in Warzen gerade der Stirnbeine äußerte.

Nahe aber liegt, sich zu dieser Station gleich noch etwas zu denken.

Beim Hirschferkel triumphiert der Ornamentalzug noch durchaus schweinehaft in den männlichen Eckhauern, während die Stirnauswüchse fehlen. Bei unserem Rothirsch etwa am Ende der Reihe ist diese Eckzahnzier so gut wie vollkommen im Verfall, dafür aber hat sich aller ornamentale Nachdruck auf diese Stirnwarzen und was daraus werden wollte gelegt. Taucht hier nicht etwas auf wie ein Ersatz? Das eine Ornament sank, indem das andere stieg. Eine glatte Kompensation! Indem die ornamentale Triebkraft, die Luxusproduktion des Männchens, plötzlich oben auf dem Kopf herausschlug, ließ sie die Zähne frei. Es gibt zweifellos ein Gesetz auch solcher Kompensation im Lebensbereich. Jeder Organismus besitzt ein gewisses Budget, mit dem er haushalten muß. Wenn er sich nach der einen Seite neu engagiert, muß eine andere eingeschränkt werden. Und dem können sich auch die Luxusgebilde nicht entziehen, die ja doch auch nur mit gewissen Überschüssen, aber nicht mit unbegrenztem Kapital arbeiten. In unserem Falle müßte die Umschaltung aber wohl sogleich begonnen haben, als die erste Stirnzier sich geltend machte. Und die nächste geschichtliche Stufe wäre für uns also auch daran kenntlich, daß bei ihr die ornamentalen Eckzähne der Männchen verschwänden.

Inzwischen ließe sich aber hier zu aller Theorie noch die eine wichtige Frage aufwerfen: warum denn der Ornamentaltrieb damals unter Änderung der bisherigen Richtung in die Stirnknochen gefahren sei. Nun, wir wissen so wenig von den inneren Bedingungen all dieser Ornamentaldinge, daß es wohl nichts Besonderes wäre, hier noch die Antwort schuldig zu bleiben. Es wurde „zufällig" einmal ein anderer Fleck begünstigt. Zufall ist wie immer ein Deckwort für Nichtwissen. Wir wissen ja auch bei den Schweinen nicht, warum bei diesem gerade die Farbe, bei jenem dafür die Gesichtswarzen und bei

einem dritten die Hauer den jeweilig beliebten Ort der ornamentalen
Experimente abgegeben haben. Ich glaube indeſſen, daß ſich bis zu
gewiſſem Grade an unſerer Stelle der Ideengang noch etwas ver=
tiefen läßt und daß damit auch der andere weſentlich vertieft wird.

Auf jenes Kompenſations= oder Budgetgeſetz im organiſchen
Haushalt iſt man tatſächlich ſchon früh aufmerkſam geworden bei der
denkenden Betrachtung des Gebiſſes der geweih= und hörnertragenden
Hirſche und Hirſchverwandten von heute. Ariſtoteles bereits kam
darauf. Man ging dabei aber weniger von den Eckzähnen, als von
den Schneidezähnen aus. Keines dieſer Tiere mit Stirnzier hatte im
Obergebiß Schneidezähne. Und darin ſah man einen direkten Aus=
gleich zu den Hörnern und Geweihen, eine Kraftkompenſation, die
hier nur geben konnte, wenn ſie dort nahm, und umgekehrt. Goethe
hat das in die bekannten Verſe gefaßt:

„Denn ſo hat kein Tier, dem ſämtliche Zähne den obern
Kiefer umzäunen, ein Horn auf ſeiner Stirne getragen,
Und daher iſt den Löwen gehörnt der ewigen Mutter
Ganz unmöglich zu bilden und böte ſie alle Gewalt auf."

Heute darf man gerade das nicht übertreiben. Die moderne
Vorweltskunde hat Tiergeſchlechter aufgedeckt, die bei vollſtändigem
Gebiß doch mindeſtens auf den Naſenbeinen die gigantiſchten Knochen=
zapfen trugen, wie ſie kein Hirſch oder Ochſe je gekannt hat: ſo die
Männchen der elefantenähnlichen ägyptiſchen Arſinoitherien. Gleich=
wohl bleibt die Sache für unſere Wiederkäuer wirklich beſtehen, und
hier gibt ihr unſere heutige entwickelungsgeſchichtliche Betrachtung nun
noch einen tieferen Sinn. Bei Goethe ſelbſt bleibt noch unklar:
entſtand die Stirnzier, weil die Schneidezähne fehlten, oder fehlen die
Schneidezähne, weil die Stirnzier entſtand. Wir dagegen wiſſen aus
unſerer bisherigen Unterhaltung, daß der werdende Hirſch auf der
Hirſchferkelſtufe hiſtoriſch zunächſt die Schneidezähne oben verlor, —
einfach im Nützlichkeitszwang ſeines immer energiſcher einſetzenden
Wiederkäuertums. Von hier hat alſo zuerſt im Sinne des Kompen=
ſationsgeſetzes die ganze Geſchichte offenbar angefangen mit einem
plötzlich frei werdenden Überſchuß an Bildungsenergie, nämlich eben
dem Teil, der früher für die Bildung der Schneidezähne darauf ging.
Er konnte ſich, wenn er ſonſt nicht gebraucht wurde, ornamental aus=
leben. Fragte ſich zunächſt nur, wo. Da die männlichen oberen
Eckzähne zurzeit das Ornamentale am Schädel trugen, hätte er ſein
Plus ebenfalls denen geben können, daß ſie etwa babiruſahaft oder

noch toller auswucherten. Und hier erhebt sich jetzt erst die Kardinal=
frage, warum er das nicht getan, sondern mit neuem Wege sich auf
die Stirnbeine gezogen und damit die Grundlage aller Horn= und
Geweihbildung der Folge gelegt haben soll?

Ich halte es für möglich, daß dabei wieder das sogenannte Korre=
lationsgesetz mitgespielt hat. Es handelt sich um jene Gesetzmäßigkeit,
nach der bestimmte Teile, Organe, Merkmale eines Organismus oft mit
andern desselben Körpers, manchmal weit entfernten und höchst verschieden=
artigen, so verknüpft erscheinen, daß Veränderungen des einen notwendig
auch Änderungen des andern hervorrufen müssen. Der innerste Grund
ist unerforscht, das Phänomen aber vielfältig offenbar. Die korrelativ
verknüpften Teile arbeiten wie eine Schaukel: bewegt sich der eine, so
setzt auch der andere ein. Das Schaukelbild, im Sinne von An= und
Absteigen genommen, trifft dabei vielleicht besonders gut gerade unseren
Fall. Es ist denkbar, daß solche Korrelation noch über die Kompen=
sation weggreift. Ein Teil läßt Energie frei. Es ist möglich, daß
das freiwerdende Plus jetzt nicht beliebig dem Körper irgendwo zu=
strömen kann, sondern sich einem korrelativ angeschlossenen Teil enger
hingeben, sich dort fortan bewähren muß. Die obere Schneidezahngegend
des Schädels konnte in dieser Weise von lange her, aus Urtagen
der Schädelbildung, eine feste Beziehung zu den Stirnbeinen besitzen.
So hätte die bei ihr freiwerdende Luxusenergie sich nur dort
wieder betätigen können, und sie tat es, indem sie als Ornamental=
drang dort Knochenwarzen und damit erste Rosenstöcke trieb. Mit
den Eckzähnen bestand keine Korrelation, sie bekamen also nichts ab.

Immerhin ginge aber aus diesem Werdegang, falls er richtig ist,
hervor, daß ornamentale Eckzähne und ornamentale Stirnzier zunächst
jedenfalls einander noch nicht auszuschließen brauchten, da das Budget
von den Schneidezähnen her mit einem neuen Zuschuß arbeitete
und sich also beides leisten konnte, ohne gegen das Kompensations=
gesetz zu verstoßen. Und erst als die Stirnzier in ihrer ornamen=
talen Entfaltung die Eckzahnzier allmählich weit zu überholen begann,
also immer mehr Gesamtkapital an sich zog, hätte die Eckzahnseite
kompensatorisch sinken müssen. Zu diesem ungleich werdenden Ver=
hältnis aber dürften zuletzt wieder rein praktische Nützlichkeitsdinge mit=
gewirkt haben. Alles Ornamentale, so sahen wir, unterliegt auf gewisser
Höhe doch der Schere des Gärtners Nützlichkeit. Es darf die praktische
Anpassungsform des Lebens nicht stören. Dabei spielt aber der Ort
eine große Rolle. Es gibt Stellen am Körper, wo es auch wachsend

7*

lange oder gar nicht stört, und andere, wo seiner Ausgestaltung schon
sehr bald ein Veto entgegentreten muß. In diesem Sinne waren die
Stirnbeine aber ein geradezu glänzender Fleck. Das Luxusornament
konnte hier schon ganz gewaltig aufblühen ohne zu schaden, ja wir
werden sehen, daß es sogar Möglichkeiten enthielt, nachträglich gelegentlich noch einen Bund mit direkten neuen Schutzvorteilen (als
Stoßinstrument) einzugehen. Beim Eckzahn dagegen lagen die Dinge
genau umgekehrt.

Ursprünglich hatte er Anschluß an starke praktische Zwecke als
Waffe und Grabinstrument gehabt. Dann war er beim Männchen ero-
tisch-ornamental geworden. Auf der Stufe der Hirschferkel war er das
nur noch, da das Wiederkäuergebiß und die Wiederkäuergewohnheiten
eine weitere praktische Hauerrolle ausschlossen. Ob die Hirschferkel-
männchen untereinander noch mit den scharfen Ecksäbelchen Liebes-
kämpfe ausfechten, weiß ich nicht; mindestens gehört auch das schon zu
der rein erotischen Seite; ich vermute aber, daß die Säbelchen mehr als
eine Art Kitzelapparate gegenüber dem Weibchen benutzt werden, wobei das sexuelle Erregungsgefühl dieser Weibchen sozusagen assoziativ
gerade an die Berührung durch diese Säbelchen angeschlossen ist.
In der charakteristischen Weise, wie schon bei den Schweinen der
Eber die Bache mit bestimmten leichten Gewehrschlägen reizt, kann
man bereits sehr gut etwas der Art merken; ich habe es speziell auch
beim Babirusa beobachtet. Jeder extremeren Ornamentalbildung
aber widerstrebte auf die Dauer diesmal der Ort mitten im praktischen
Freßapparat. Der Babirusa ist ja schon ein gutes Exempel, was für
Kunststücke mit einem solchen stark ornamentalen Hauer gemacht
werden mußten, um aus ihm nicht einen verschließenden Maulkorb
werden zu lassen; ganz unwillkürlich wird er hier schon selber in die
Stirn verschoben, also in die Hörnergegend. Das war schon so beim
Schwein. Der erwachende Wiederkäuer aber hatte auch noch eine
neue, immer berechtigtere praktische Tendenz, nicht nur bei diesen
oberen Eckzähnen keine verwegenen Extravaganzen aufkommen zu lassen,
sondern überhaupt in dieser vorderen Kiefergegend alle Zähne, also
zuletzt auch den Eckzahn, aus den praktischsten Gründen abzuschaffen.
Kein Wunder, wenn der Ornamentaltrieb im Maul mindestens nicht
vom Fleck kam, auf dem bescheidenen überlieferten status quo verharrte. Dann mußte er aber vom Stirnornament über kurz oder
lang so überholt werden, daß endlich doch auch von dort die Kompen-
sationsfrage akut wurde. Sobald sie ihm Energie zu entziehen begann,

war sein Schicksal wirklich besiegelt. Das ornamentale Ecksäbelchen sank zu einem gewöhnlichen Eckzahn herab, und den merzte früher oder später die Forderung des Wiederkäuergebisses praktisch aus.

Immerhin gibt der Gang der Dinge, wie er jetzt skizziert ist, noch ein paar Züge mehr für das historische Bild. Die ornamentalen Eckzähne konnten noch eine ganze Weile in der alten Form nebenher fortbestehen, während auf den Stirnbeinen bereits die neue Zier wuchs und wuchs. Dann erst, bei einer gewissen entscheidenden Höhe dieser Stirnzier, werden wir erwarten, daß die Zahnzier sehr plötzlich sank bis zum völligen Verfall.

Nun aber überhaupt wieder genug der Theorie. Sehen wir uns abermals nach lebendem oder totem Material um, was und ob es bestätige. Es ist doch eine Pracht, wie es bestätigt.

Zunächst bietet uns der zoologische Garten noch eine lebende Tierform, die gewissermaßen noch einmal die Gegenzeichnung liefert, daß wir wirklich auf dem richtigen Wege sind. Nämlich einen im ganzen übrigen Typus nunmehr bereits mustergültig vollendeten Hirsch, der doch noch im Punkte der mangelnden Stirnzier und dauernden Zahnzier Hirschferkel ist.

Auch wer heute aufs tiefste durchfärbt ist von darwinistischen Ideen, wird doch ab und zu seine Momente haben, wo er gewissermaßen erschauert vor dem Ungeheuren der Forderung, daß der Mensch aus dem Tier hervorgegangen sein solle. Irgendein Geistesakt des hohen Denkens, der Kunst, der selbstlosen Forscherhingabe, der ethisch-bewußten Aufopferung will die ganze Kluft wieder unüberbrückbar aufreißen, — zumal wenn für die andere Seite noch eine Moderichtung der Tierpsychologie hinzukommt, die aus lauter Angst vor Anthropomorphismus aus allen Tieren am liebsten nur seelenlose Reizautomaten herauslöge.

In solcher Krisis ist es manchmal von Nutzen, sich an gewisse scheinbar allersimpelste Tatsachen zu erinnern; sie gewinnen plötzlich eine erstaunliche Macht. So zum Beispiel nach der tierischen Vergleichungsseite, daß man ein Tier berauscht machen kann und daß es unter Alkoholwirkung ganz die gleichen Erscheinungen zeigt, die unser menschliches Seelenleben in den mehr oder minder intensiven Rauschlähmungen, uns allen so wohl bekannt, erfährt. Umgekehrt beim Menschen selbst aber etwa sein Verhalten gegenüber gewissen Gerüchen, die im Tierreich nachweisbar in einer ganz charakteristischen Weise auf das Nervensystem einwirken. Ein solcher Geruch

iſt der Moſchus. Er übt ganz allgemein eine ſehr ſtarke aufrüttelnde,
anregende Wirkung auf das Nervenſyſtem aus, — aus Gründen,
die dunkel ſind, wie vorläufig alles, was dieſes Gebiet chemiſcher Fein=
und Fernwirkungen durch bloß riechbare Stoffe angeht. Schon tief
im Tierreich aber ſehen wir das wieder einmal enger angeſchloſſen
an ein beſtimmtes Lebensgebiet des Tiers, nämlich an das Liebesleben.
Der Moſchusduft wirkt erotiſch ſtimulierend. Das geht von den
Schmetterlingsmännchen, die verliebt intenſiven Moſchusduft aus=
ſtrömen, und dem direkt danach benannten Moſchusbock unter den
Käfern bis zu den brünſtigen Krokodilen und noch höher bis mitten
ins Säugetierbereich. Durchweg ſind es die liebenden Männchen, die
dieſen ſtets wirkſamen Zauber anwenden. Wie aber iſt's beim Menſchen?
Mit all ſeiner Chemie weiß er nicht, warum es ſo iſt, mit aller
feineren Äſthetik möchte er ſich geradezu wehren dagegen: und doch
kann er es nicht ableugnen, daß heute noch Tauſende und Tauſende
auch von ſeinesgleichen gegebenen Falles immer wieder tanzen müſſen
nach der gleichen Pfeife dieſer uralten tieriſchen Duftzauberei: Moſchus
wirkt auch auf ſie erotiſch, wenn ſchon heute mehr umgekehrt vom
Weibchen auf das Männchen. Und um die Sache ganz rund zu
machen, helfen wir uns dabei geradezu durch das Fabrikat eines Tiers, —
wie zum ſicherſten Exempel, daß unſer Nervenapparat noch genau
wie das Tier auf tieriſch hier ſchon Wirkendes antwortet. Selbſt nicht
im Beſitz einer beſonderen erotiſch verfügbaren Körperdrüſe, die Moſchus
produzierte, entnimmt unſere Menſchenkultur ſeit Jahrtauſenden ihren
erotiſchen Stimuliermoſchus von einem tief unter uns ſtehenden
Säugetier, das in dieſem Punkte eine ausgiebigſte Parfümfabrik am
Leibe trägt, nämlich dem auch direkt danach benamſeten „Moſchustier".

Das Moſchustier (nicht zu verwechſeln mit dem hier ganz und
gar nicht in Betracht kommenden grönländiſchen Moſchusochſen) trägt
im männlichen Exemplar dicht am Geſchlechtsteil einen beider=
ſeitigen Drüſenbeutel, in dem ſich die Moſchusmaſſe wie eine Art
Salbe abſondert und ſammelt, um zur Liebeszeit ihren Beſitzer wie
eine angewachſene Parfümbüchſe beſtändig in eine weithin wallende
Wolke des penetranteſten Moſchusdufts zu hüllen. Auf dieſe Büchs=
chen und ihre natürlichen Inhaber ſind nun, nachdem ſie ſo lange bloß
das Intereſſe der Moſchustierweibchen geweckt hatten, ſeit ein paar
tauſend Jahren zunächſt die Chineſen aufmerkſam geworden, die erſtlich
wohl von je die parfümgierigſten aller Menſchenkinder waren, anderer=
ſeits aber das betreffende Tier im eigenen Lande und Grenzlande

besaßen, rochen und ausplündern konnten. Letzteres betrieben sie auch
gründlich genug, veranstalteten systematische Jagden, bei denen allem
irgend erlegbaren Vieh das kostbare Beutelchen ausgeschnitten wurde
(der alte Marko Polo hat es bereits sinnreich beschrieben), spürten
auch aus, wo die Sorte am besten sei (denn in dem sehr großen
asiatischen Spielraum der Moschustiere gab es wie erklärlich mancher=
lei geographische Varianten mit besserer oder schwächerer Veranlagung)
und halfen ihrem Bedürfnis eventuell noch mit weitem Handel nach.
Von China kam das Liebeselexier, als trockene Prise bewahrt, dann
zu den Arabern, und über deren weiten Westhandel hinweg begann
die „Blume" des asiatischen Zentrums und Ostbezirks allmählich bis zu
uns herüber zu duften, endlich bis in alle Boudoirs, Cafés und Korsetts
hinein, als gehe von den einsamen Gebirgswäldern, wo die Moschus=
tiere über ihre moosbewachsenen Steine hüpften, zuletzt eine wahre
Duftüberschwemmung aus, deren Welle die ganze Erde umbrandete.
Erst allerlei häßliche Assoziationen mit minder geachteten Liebes=
surrogaten unseres Kulturlebens haben allmählich wieder diese Welt=
eroberung wenigstens für den feineren Kulturgeschmack etwas ein=
geschränkt, während gleichzeitig auch beim Gebrauch das Moschustier
selber vielfach in den Hintergrund trat gegenüber dem Aufkommen
künstlicher Moschussurrogate.

Immerhin scheint's ein Wunder, daß das Tier bis heute diese
Nachfrage überlebt und nicht das Schicksal anderer menschlicher Konsum=
waren der lebendigen Natur, wie der meisten Pelz= oder Fettiere,
betrüblich erfahren hat. Hierzu hat zweifellos eben sein zugleich
weiter und schwer durchschaubarer Verbreitungskreis mitgewirkt. Das
Moschustier geht in seiner typischen Hauptform vom chinesischen Ober=
lande bis zum Himalaja und bis zum Altai, immer den Gebirgs=
wäldern folgend. Wenn man seiner gedenkt, so tauchen die eigentlich
geheimnisvollsten, bis vor kurzem noch am wenigsten erforschten Ge=
biete des inneren Asien auf: die Abhänge des Himalaja und Trans=
himalaja gegen Tibet zu, die unzugänglichsten Westteile Chinas, die
unendlichen Dämmergründe des sibirischen Waldgürtels. Wo es sich
mit einer kleinen Nebenform, dem sogenannten „Wasserreh", tief ins
chinesische Flachland gewagt hatte, da ist ihm umgekehrt wenigstens
der Schutz des nassen Röhrichts und Auwaldes der großen Fluß=
mündungen und Inseln zustatten gekommen, abgesehen davon, daß
man dieser weit weg verschlagenen amphibischen Variante, die nicht so ver=
führerisch roch, wesentlich nur um ihres zarten Wildbrets willen nachstellte.

Mit seiner „Unzugänglichkeit" hing aber wieder zusammen, daß wir im Westen zoologisch das Moschustier erst in neuester Zeit eigentlich näher kennen gelernt haben. Ein legendäres Tier war es ja lange auch bei uns, dafür sorgte der Moschus. In des alten Gesner Tagen ist eines auch seltsamerweise schon einmal vereinzelt lebend nach Europa gekommen, und in den alten Folianten dieses kenntnisreichen Vaters der neueren Tier= kunde findet sich danach ein gar nicht übler Holzschnitt. Im achtzehnten Jahrhundert kannte es dann wieder Buffon aus eigener Menagericean= schauung. Aber noch im neunzehnten Jahrhundert schien es erneut wie in einem zoologischen Nebel. Brehms „Tierleben" gab noch 1877 ein Bild nach einer alten, miserabel gestopften Museumshaut, das auf jedes andere hirsch= oder antilopenhafte Geschöpf besser paßte als auf das wirkliche Moschustier. Und erst seit Ende der neunziger Jahre ist es dann nach Exemplaren besonders des Berliner Zoologischen Gartens wieder treffend porträtiert und beschrieben worden. In letzter Zeit ist es fast ständiger Gast in Berlin gewesen, sowohl im Haupttypus, wie auch als kleines „Wasserreh". Man darf von ihm also jetzt mit der Gewißheit reden, daß wenigstens ein Teil der Leser es gelegent= lich hinter seinen Gittern selber einmal flüchtig gesehen hat, — freilich auch davon wieder die meisten, ohne daß ihnen einer den Akzent daraufgesetzt hätte, was sie sahen. In der Tat: es wäre ein ganz besonderes zoologisches Unglück gewesen, wenn der immerhin doch ideell ziemlich wertlose Moschuskonsum uns dieses Tier vorzeitig fort= genommen hätte. Zoologisch bildet ganz und gar nicht dieser Moschus seine wahre Merkwürdigkeit, — aber der merkwürdigsten Säugetiere eines ist es darum erst recht.

Das ganze Verbreitungsgebiet der Moschustiere ist ein ausge= sprochenes Hirschland, — vom Gebirgswald des Altai bis zu den Auwäldern des Hoangho. Ein niedliches, etwas dickpelziges Rehchen: so wird auch die Laienstimme im Zoo nicht bloß das schon im Namens= schild hier anklingende Wasserreh, sondern ebenso das echte Gebirgs= moschustier bei unbefangenem Anblick werten. Und der Vergleich hält diesmal — trotz der bekannten Vorliebe besonders der weiblichen Zoo= Besucher, alles und auch das unmöglichste auf „Reh" hin zu klassifizieren — auch vor geschulterer Physiognomik stand. Das erste Gebirgsmoschus= tier, das ich persönlich zu Gesicht bekommen habe, war ein Weibchen, und die Ähnlichkeit mit einer sehr molligen Rehricke war unverkenn= bar immer wieder das physiognomisch durchschlagende, zumal für einen, der in alter Gewohnheit das miserable Brehmbild im Kopf

hatte, das überhaupt keine Physiognomie gegeben hatte. Das Tier
war frisch angekommen und enorm scheu. Der Wärter mußte es also
aus einem kleinen Kiefernbuschstück seines ziemlich tiefen Geheges erst
gewaltsam aufjagen, und mit dem zuerst zaghaft vortauchenden groß=
ohrigen Kopf und dem dann erst unglaublich vorsichtig und einge=
krümmt nachgeschobenen Leibe sah es zunächst allerdings noch einem
ganz andern Geschöpf ähnlich, mit dem es vor Jahren schon Heck
einmal verglichen hat, nämlich einem Känguruh. Ganz wie ein solches
Känguruh, wenn es nicht hüpft, sondern seinen bekannten schiebenden
Sitzgang vollführt, kniff es eine Weile noch den dicken Hinterleib
unter den seltsamsten Verrenkungen ein und setzte die langen Hinter=
beine so vor, daß sie fast wie beim Känguruh mit den Spitzen über
die Vorderbeine hinausgriffen. Bei den kühnsten Körperwindungen
war es, als gehörten auf Momente der kleine Vorderleib und kleine
Kopf gar nicht ordentlich organisch zu dem dickgestopften Hinterstück.
Jäh schlug dieses wespenhafte sich um sich selbst Biegen, Knicken und
Schleichen dann aber um in rasche Flucht, die sich in einer Kette von
lauter einzelnen Luftsprüngen vollzog.

Auf den ersten Blick sah man das vorzüglich angepaßte Milieu=
tier: den vorsichtig sich deckenden Knicker und Schlängeler bei ge=
ducktem Tastgang zwischen Klippenecken, Gesteinsnasen und wildem
Gebirgsholz — und den flüchtigen Sauser, der von Block zu Block
sprang. Zum Reh mußte man also auf jeden Fall noch ein Stück
Gemse und Wildschaf nehmen. Schafhaft weich und sammetdick auch
der Pelz, zumal im Winterfell. Die großen Löffel an dem sonst
auffällig kleinen Köpfchen das allerniedlichste, molligste Pelzwerk. Beim
Männchen treten an diesem Kopf auch in dem aufgeblasenen, überhängenden
Oberteil der Schnauze frappante Känguruhzüge hervor. Die über und über
bis zu den Hufen herab verpelzten Hasenläufe wie in Gamaschen, was den
Beinen wenigstens im Winterkleid fast etwas Plumpes gibt. Sie be=
herrschen aber das ganze Bild, diese Beine, sei es nun, daß sie so känguruh=
haft sich ziehend schleichen oder verwegen springen: immer muß der Körper,
auch der hintere Dickleib, als das Sekundäre mit, als habe er selbst
gar keine Sonderschwere; junge Pferde und Esel sind im Vergleich
auch solche fast bis zum Häßlichen überwiegende Beintiere. Je öfter
man das Tier sich bewegen sieht, desto grotesker wirkt aber vor allem
und in jeder Lage jene Wespenart der tollen Körperbiegungen; oft
ist's wie ein sich krümmender Fisch auf dem Lande, der mit dem
Schwanz gegen den Kopf schlägt; kein zweites Säugetier kann solche

Winkel mit dem Rückgrat machen, ohne sich wirklich zu zerbrechen.
Dabei aber doch in allem auch wieder das Weiche, wellig Fließende
des Pelztiers ohne wirkliche Ecken. Und nun die köstliche Anpassungs=
farbe. Silbergraue Blöcke mit grünen Moospolstern, auf denen durch
ein Fichtendach gebrochen goldene Sonnenflecken und Sonnenkringel
unbestimmt schimmern, — das ist unmittelbar die Farbe des winter=
lich ausgefärbten Moschustiers. Silbergrauer Pelz, von den Ohren
sich herunter=, von den Läufen sich heraufspinnend, auf dem hinteren
Dickteil des Wespenleibes aber ein unbeschreiblich reizvoller Anflug
von tiefgrünem Moossammet, durch den die zartesten goldigen Fleck=
chen und Streifchen gaukeln. In Rücksicht auf das früher Gesagte
erkennt man ja auch hier wieder das noch schlecht Gestopfte sowohl,
wie die aus Längsstreifen zu Flecken und aus denen zu Zebrastreifen
auf der Rückenkante hinüberspielnde Mischzeichnung des altertümlichen
Tiers, trotz der wenig dazu passenden starken Steilbeine, — leise Hirsch=
ferkelzüge auf das Untergestell einer Gemse gesetzt. Aber stärker als irgend=
wo drängt sich in der Farbe zugleich der Anpassungszweck auf. Ich er=
innere mich einer Situation im Berliner Garten an frostkaltem Tag
kurz vor Weihnachten. Es hatte stark gereift. Der Boden des
Geheges bot ein Gemisch aus oberflächlich weiß bereiften, nur hier
und da noch eben bräunlich durchschimmernden trockenen Eichenblättern
und bereiftem, doch überall noch grün durchdringendem Gras. Im
Hintergrunde lagen ein paar graue Felsblöcke mit grünlichem Algen=
anflug. In diesem Rahmen kauerte das Moschustier mit eingeschlagenen
Beinen, und es verschwand so vollkommen darin, daß es für eine
wahre Demonstration gelten konnte, daß Mimikry doch nicht bloß ein
Wort ist.

Neben dieser Gemsen= oder Wildschafform des Moschustiers steht
dann im Wasserreh seine ebenso milieufeste Sumpfform. Im Kopf
und Haupthabitus ist es das gleiche Tier, bloß kleiner. Aber es ist
mit gestreckterem Leibe auf kürzere Füße gestellt, und damit ist es
naturgemäß noch ein ganz Teil hirschhafter. Denn alle Hirsche haben einen
Zug auf langen, schweren, obwohl schön und ebenmäßig in sich aus=
gestalteten Leib bei relativ doch etwas zu kurzen Beinen. Sie sind
eben immer und bis heute noch mehr Sumpfwaldtiere als gemsenhafte
Kletterer. Das Wassermoschustier übertreibt das als echtestes Sumpf=
huhn aber noch. Durchaus macht es sich statt des steilen Aufreckens
bei dem andern kleiner als es ist, indem es mit breitgespreizten
Patschbeinen einfällt, ja besonders hinten mit den an sich ebenfalls

dort längeren Beinen beſonders tief herablahmend die ſtarken After=
klauen ſo zu Hilfe nimmt, daß ordentlich eine Art Sohlengang ent=
ſteht. Das kehrt ja in etwa wieder auch bei Renntieren und Sumpf=
antilopen. Gewohnheitsmäßig aber erzeugt es hier ein ſeltſamſtes
Hintennachbleiben, Sichwinden und Schwanken noch über das, was
das Gebirgsmoſchustier auch in ſeiner oben ſkizzierten ſcheuen Stellung
liebt; die famoſe Knickfähigkeit iſt dabei auch hier bis zu gewiſſem
Grade vorhanden. Die goldbraune wirkliche Rehfarbe des kleinen
Sumpfdrückers erſcheint diesmal, wenn er ſich ſo hinſchiebt, im Rücken
wie mit hundert kleinen ſchwärzlichen Teerfleckchen durchſetzt, und wenn
die Sonne auf dem Fellchen ſpiegelt, gibt es einen richtigen Fettglanz.
Alles in allem bleibt man aber immer beim „Reh“, einem hinten
etwas mißproportionierten, aber unverkennbaren Reh. Mich hat die
Ähnlichkeit beim erſten Anblick eines Pärchens dieſer kleinen Chineſen
aus dem Hoanghoſumpfwald (es war im ſchönen Hamburger Garten)
ſeinerzeit ſogar faſt geärgert, da ich ein apareres Geſchöpf erwartete
mit ausgeſprochenerer Eigenphyſiognomie. Das heißt: bis auf einen,
alles doch wieder verſchiebenden Punkt. Der iſt aber überhaupt zuletzt
der entſcheidende bei beiden Moſchustieren.

Was die Phyſiognomik findet, das iſt zunächſt diesmal ja auch
das Ergebnis aller weiſeſten und ſtrengſten wiſſenſchaftlichen Syſte=
matik geweſen. Nämlich, daß die Moſchustiere ſchon eine echte Sorte
Hirſch ſeien. Nach allerlei Zickzack= und Zirkelläufen iſt man im
Muſeum immer wieder darauf zurückgekommen. In allen anatomiſchen
Grundzügen verrät ſich unverkennbar dieſe Hirſchnatur.

Der Magen iſt bereits ein typiſcher Wiederkäuermagen ohne die
Unvollkommenheiten der Zwergmoſchustiere, mit denen man ganz
ohne Grund eine Weile die echten Moſchustiere (der Name dort iſt
bloß ſo, alſo irrtümlich, entſtanden) hatte zuſammenwerfen wollen.
An allen Beinen ſind die Kanonenknochen jetzt hübſch als Einheit
durchgeführt, und die Mittelſtrahlen der Afterzehen beginnen all=
gemein hirſchhaft (ſpeziell an den Vorderfüßen durchaus ſchon rehhaft)
zu verkümmern. Kleinigkeiten, wie das Vorhandenſein einer Gallen=
blaſe, die ſonſt den Hirſchen fehlt, können auch nicht entſcheidend
widerſprechen. Für die Gallenblaſe iſt z. B. bezeichnend, daß ſie ſich
bei allen Antilopen findet, nur bei einer einzigen Gattung (den
afrikaniſchen Duckerantilopen) aber fehlt; ſo mag ſie hier umgekehrt
allen Hirſchen fehlen, aber bei dieſem einen erhalten ſein, den man
aber darum ſo wenig von ſeiner Sippe trennen wird, wie jene Ducker

von der ihrigen. Und charakteristisch ist auch, daß in gewissen dieser
konträren Details dann die Grenze gegen den Hirsch tatsächlich zwischen
dem Gebirgsmoschustier und dem schon extremer rehhaften Wasser=
moschustier hindurchschnitte, dergestalt, daß das letztere schon ein Echt=
hirsch wäre, das erstere aber noch nicht. Ein Teil der Forscher ist
wirklich diesen Weg in der Systematik gegangen, — es heißt aber
sozusagen ein lebendiges Geschöpf um des toten Systems willen mitten=
durchhacken; denn man braucht nur ein einziges Mal die beiden Moschus=
tiere lebend nebeneinander gesehen zu haben, um zu wissen, daß sie
eine organische Einheit bilden. Gerade wenn man sich aber resolut
zugestanden hat, daß es sich hier — und zwar in beiden Tieren —
um einen echten Hirsch handelt, wird nun etwas anderes doppelt
bedeutsam, das man augenblicklich auch faßt, sobald man ein Pärchen
Moschuswild — sei es der Gebirgsart oder der aus dem chinesischen
Auwald — vor Augen bekommt. Auch diesem Moschushirsch fehlt
in beiden Geschlechtern noch schlechterdings das Geweih —
und zwar fehlt es radikal, maßen nicht nur jede Spur von echt
hirschhaften Stangen, sondern auch solche von Rosenstöcken oder irgend=
wie ähnlichen Anschwellungen oder Knochenwarzen der Stirnknochen
absolut mangelt.

Dafür aber stechen sinnreich, als könnte es eben damit nicht
anders sein, aus dem Maul des Männchens noch die typischen weißen
Säbel der alten Vorhirsche, die vergrößerten Eckzahnhauer als Markierer
des erotisch=ornamentalen Prinzips. Man hat auch hier wie bei
den Hirschferkeln von jeher viel erzählt von dem Gebrauch und
Zweck dieser Hauer als „Waffen". An sich sind sie gewiß kolossal,
und nach wirklicher Raubtierart gebraucht müßten sie scheußliche
Reißer sein. Aber ich meine, man merkt schon an ihrer Tendenz,
sich nach hinten zu krümmen und mehr schnurrbarthaft wieder an die
Lippe zu schmiegen, auffällig genug, daß dieser Wehrzweck unmöglich
der Hauptzweck sein kann. Es scheint sich mir eher ein Bestreben
darin zu verraten, die gefährliche Spitze möglichst wieder ungefährlich
zu legen bei dem aus andern Gründen bevorzugten Wachstum des
Zahns, als umgekehrt. Wenn man gelegentlich beobachtet hat, daß
das verliebte Männchen im engen Käfig das Weibchen böse mit den
Hauern verletzt hat, so möchte ich auch dieses gewiß doch nicht zweck=
mäßige Verhalten (abgesehen von den Perversitäten, die alle Gefangen=
schaft begünstigt) eher als Probe auf das Exempel anführen, daß die
scharfe Spitze nicht der Sinn, sondern eventuell nur eine leider nicht

ganz vermeidbare Nebenfolge sei, die unter Umständen eher Schaden anrichtet. Höchstwahrscheinlich kitzelt auch hier das Männchen das Weibchen durch Hauerberührungen sexuell in die höchste Erregung hinein, und dabei ist dann im gegebenen Falle als Malheur möglich, daß die Säbelspitzen das Weibchen direkt verletzen. Der Zweck des Zahns kann aber doch nicht dieses Malheur sein. Prinzipiell will ich deshalb natürlich nicht ableugnen, daß der Säbel nicht gelegentlich bei Verdrängen eines andern Männchens oder beim Verzweiflungs= ringen eines gepackten Tiers auch als Reißmittel mit Vorteil funktionieren könne, — da er einmal da ist, ist auch das im einzelnen so und so oft unvermeidlich. Es kommt mir aber vor, wie wenn ein ange= griffener oder im Rivalitätszwist erboster Mensch einem eins mit dem Violinbogen, den er gerade führt, überzieht; der Violinbogen wird deshalb seinem Wesen nach doch keine Waffe. Und in diesem Sinne meine ich, gehört auch der Säbel des Moschustiers primärgesetzlich zum Ornamentalprinzip und nicht zum Schutzprinzip. Daß aber das Ornamental=Erotische mindestens auch hier mitspielt, dürfte jeder zu= geben, der ein Prinzip nach dieser Seite überhaupt zuläßt, — und auch das genügt schon zur Sache.

Kein zweiter lebender Hirsch zeigt nun gerade noch die Ver= einigung dieser beiden Merkmale: Geweihmangel und Ornamentalzähne. Wir aber wissen aus dem Gang unserer Erzählung, was eben sie bedeuten, was sie uns sagen muß. Sie erweist uns das Moschustier als den ältesten lebenden Hirsch von allen. Als den einzigen und letzten, der noch genau auf der Messerschneide jenes letzten Übergangs rein und unverändert bis heute stehen geblieben ist, wo zwar sonst die ganze Hirschorganisation bereits völlig fertig war, jener eine letzte Umschwung, der den männlichen Ornamentalschmuck vom Eckzahn fort auf die Stirnknochen umlogierte, aber noch nicht stattgefunden hatte. Ein Hirsch, der schon Hirsch war, dem aber noch die Krone fehlte: — so steht das Moschustier vor uns.

Paläontologisch, aus versteinten Knochen, ist vom Moschustier selbst zwar zufällig wenig bekannt. Seine älteste Spur verliert sich uns in den Vorbergen des Himalaja schon im letzten Drittel der Tertiärzeit, im sogenannten Plizoän. Da im mittleren Drittel dieses Tertiärs, im Miozän, aber nachweislich schon Reste von Hirschgeweihen auftauchen, so muß es eine noch wesentlich ältere Reliquie sein. Alles spricht dafür, daß im Anfang dieser Miozänperiode auf weiten Gebieten der Erde zahlreiche Urhirsche gelebt haben, die ihm alle darin noch

entſprachen, daß ſie bereits echte Hirſche waren, aber ebenfalls noch
keinerlei Geweih, ſei es auch zunächſt nur in reiner Roſenſtockform,
führten, dafür aber noch Eckſäbel hatten.   Sie brauchten deshalb
keineswegs alle zu ihrer Zeit bloß Moſchustiere zu ſein.   Sogleich
und bei ihnen ſchon mag ſich der nachher ſo enorm bildungsreiche
Hirſchſtamm in mancherlei Sonderformen nach Ort und Lebensart
zerſpalten haben, von denen ſich uns nur gerade eine in den beiden leben=
den Moſchustieren bis heute erhalten hat.   So muß man ſich unter
den überlieferten Schädeln der kritiſchen Zeit alſo auch nach Nicht=
moſchushirſchen umſehen, ob ſie zu jener Urſippe gehören könnten.
Und in der Tat ſind da mehrere vorweltliche Formen hirſchhafter
Tiere im hohen Grade verdächtig, uns noch echte miozäne Vertreter
vorzuführen.   So ſind in den untermiozänen Schichten der Auvergne,
Savoyens und der Gegend um Ulm und Mainz, die uns die dama=
lige Tierwelt an den Ufern von Flüſſen und Süßwaſſerſeen anſchau=
lich zeigen, die Knochen haſen= bis rehgroßer Hirſchchen gefunden
worden — Echthirſchen zweifellos ſchon —, deren Träger man mit
dem Gattungsnamen Amphitragulus einregiſtriert hat, und an deren
Schädeln ſich in allen bisher beobachteten Fällen zwar ſtets der denk=
bar längſte Eckſäbel, aber niemals die Spur eines Roſenſtocks, ge=
ſchweige denn eines größeren Geweihs, gefunden hat.   Die Amphi=
tragulushirſchchen erinnerten dabei, mit lebenden Formen verglichen,
in ihren übrigen Merkmalen nicht ſo ſehr an das Moſchustier, als
eher bereits an gewiſſe heute noch exiſtierende kleine Geweihhirſche
Indiens, die man als Muntjakhirſche bezeichnet.   Das iſt nun für
ſich wieder eine ſehr intereſſante Beziehung, auf die ich noch ein=
gehender zurückkomme, zunächſt aber beweiſt es bloß die Vielgeſtaltigkeit
des uranfänglichen Hirſchweſens ſchon auf dieſer geweihloſen Stufe,
die immerhin nach der einzigen geweihloſen Lebensreliquie von heute
allgemein die Moſchustierſtufe heißen mag, obwohl ſie zu ihrer Blüte
eben nicht bloß nachmalige Moſchustiere umſchloß.   Geweihloſe und
eckbeſäbelte Nächſtverwandte wieder dieſer Amphitragulusſorte lebten
an den gleichen Orten als ſogenanntes Dremotherium.   Im Ober=
miozän blühten ſie noch fort als der kleine Hirſch Mikromeryx an
den damaligen heißen Quellen von Steinheim in Schwaben, wo ſich
(ſozuſagen als an einem Badeort) die bunteſte zeitgenöſſiſche Tierwelt
(Hirſchferkel, Hipparionpferde, gewaltige Urſchweine und anderes mehr)
ein Stelldichein gab, und als der umgekehrt große und plumpe, faſt
elchhafte Paläomeryx ebenda, ſowie in Böhmen.   Im einzelnen iſt

die Feststellung ja nicht immer leicht, man muß schon recht reiches Vergleichsmaterial haben, um diese „Ricken" und „Hirschkühe" auf Lebenszeit in ihren Schädeln von zufälligen Jungtieren oder echten Ricken bereits geweihtragender Arten sicher zu unterscheiden, und es ist nicht ausgeschlossen, daß das eine oder andere Materialstück in diesem Sinne nachträglich noch wieder rückgängig gemacht werden muß. Aber im ganzen kann doch an einer reichen damaligen Existenz auch dieser Station der Hirschwerdung kein ernster Zweifel mehr sein. Und zwar reichte sie räumlich auch wieder bis nach Nordamerika hinüber, wo anscheinend spät noch (obwohl auch nicht bis heute) große Verwandte jenes Paläomeryx fortgelebt haben. Gerade bei diesen Amerikanern aber taucht gelegentlich im Detail des Backzahn= baues eine Beziehung auf zu einem neuen hochinteressanten lebenden Tier von heute, das seit alters die Phantasie der Menschen noch viel mehr beschäftigt hat als das Moschustier, auf das jetzt im Hirsch= stammbaum geführt zu werden aber wohl als die allerseltsamste Über= raschung gelten darf.

So hübsch es nämlich ist, daß uns im Moschustier noch ein veritabler Althirsch auf der geweihlosen Stufe heute fortlebt, so kann doch dem Hörer nicht entgangen sein, daß wir in der Hauptfrage damit noch nicht weiter gekommen sind: nämlich in der Frage nun nach dem wirklichen Anfang des Geweihs.

Wir suchten geschichtlich oder lebend einen Hirsch, der zunächst bloß Rosenstöcke aufsetzte als Anlauf zu diesem Geweih. Die Theorie, was solcher Rosenstock war (nämlich die erste Station des Umschwungs des Ornamentalprinzips vom Zahnsystem zu den Stirnknochen des Schädels), haben wir so logisch, wie es die anatomische Wahrscheinlich= keitsrechnung zuließ, entwickelt. Aber gibt oder gab es nun Real= exempel auch reiner Rosenstockhirsche?

Man wendet unwillkürlich den Blick auf jene ebenerwähnten miozänen Fundstätten, etwa das schwäbische Steinheim. Ob dort nicht neben dem noch ganz geweihlosen Althirsch auch jetzt der Urrosenstockler auftauche? Die reiche Stelle gibt aber vorerst keine Ausbeute. Von einem kleinen Hirsch Dikrozerus dort wird behauptet — auf Grund von Indizien —, er habe sein Geweih noch nicht gewechselt, sondern zeit= lebens getragen. Es war schon eine zweisprossige Gabel. Im Sinn hieße das also, dieses ganze Geweih sei nichts anderes gewesen, als selber nur erst ein Rosenstock, der sich merkwürdigerweise aber als solcher schon stangenhaft zu einer Gabel verästelt habe. Als echter

Roſenſtock müßte er zeitlebens mit Fell überkleidet geblieben ſein,
worüber ſich leider wieder bei den bloß foſſilen, hautlos überlieferten
Schädeln nichts ausſagen läßt. In hohem Grade verdächtig erſcheint
mir dagegen, daß bei einer andern Art des gleichen Dikrozerus das Geweih
ſchon richtig in einen Roſenſtock und eine Stange geſondert geweſen
und daß die Stangengabel in dieſem Falle bereits gewechſelt worden
ſein ſoll. Das geht doch offenbar noch ins ganz Problematiſche und
kann unter Sachverſehen der Deutung fallen. Hier läßt ſich alſo
vorerſt nichts bauen.

Weſentlich bedeutſamer dagegen ſieht ſich zunächſt ein amerikaniſcher
Fall an: aus Nordamerika, — den ſogenannten White-Riverſchichten,
die bis ins Oligozän, alſo an die unterſte Kante der Miozänzeit,
datiert werden. Es war Zeit und Ort, wo jene grotesken Titanotherien blühten, die in der Geſchichte des Pferdes eine Rolle ſpielen.
Damals lebte dort nun auch ein kurioſer Kerl (kein Rieſe), deſſen
Schädelumriß mir ſtets, ſeit ihn die amerikaniſchen Forſcher mitgeteilt
hatten, als das rechte Sinnbild einer urweltlichen Extravaganz vor-
gekommen iſt: der Protozeras. Osborn und Knigth, die vom Natur-
hiſtoriſchen Muſeum zu New York heute die prächtigſten Wiederher-
ſtellungen ausgeſtorbener Geſchöpfe in Umlauf ſetzen, haben das Tier
in einer ſchroffen Felslandſchaft neu erſtehen laſſen, mit ſeinen Beinen
an hirſchhaft langem Leibe, darauf aber ein Kopf, ſo toll, daß man
immer wieder meinen möchte, die Phantaſie habe karifiert; es iſt
aber nur Wahrheit. Der Protozerasbock hatte in einem echten Wiederkäuergebiß ohne obere Schneidezähne noch die tüchtigſten Eckſäbel.
Gleichzeitig aber waren ſeine ganzen oberen Schädelteile bedeckt mit
einem förmlichen Bukett ornamentaler Knochenblüten. Dicke ſtumpfe
Zapfen ſaßen auf den Stirn- und Scheitelbeinen, wahrhafte Bretter,
die an das Wurzelwerk tropiſcher Gummibäume gemahnten, auf Stirnbeinen und Oberkiefer. In dieſem Falle waren die barocken Pro-
tuberanzen zweifellos lebenslängliche Dauergebilde, die das Fell über-
kleidete; zugleich aber lebten ſie ſich typiſch erotiſch-ornamental hauptſächlich nur im Männchen aus. Es waren alſo recht eigentlich Roſenſtöcke, wenn auch ſolche in wahrem embarras de richeſſe, und da
für ein aufſitzendes Freigeweih abſolut nichts ſpricht, ja bei den
Brettern davon keine Rede ſein kann, ſo hätten wir an dieſer Seite
ein wirkliches reines Roſenſtocktier, — allerdings noch zugleich mit
Säbeln; daß Roſenſtock und Eckſäbel ſich aber eine Weile noch nicht
notwendig auszuſchließen brauchten, haben wir beſprochen. Wenn

dieses kleine Ungeheuer ein Hirsch war, so hätten wir ein grandioses
Exempel der werdenden Rosenstockstufe. Eines gleichsam mit noch
ganz überquellendem Experimentieren, aus dem sich die Sache doch
leicht ins Einfachere ziehen konnte, ohne das Wesentliche zu verlieren.
Nun ist über die Hirschnatur des Protozeras freilich noch etwas Streit.
Die zu dem Butzkopf vergleichsweise zierlichen Füße sind noch mehr
hirschferkelhaft als echt hirschhaft gebaut, z. B. nur hinten mit einem
(auch noch unvollständigen) Kanonenbein. Trotzdem zählt der beste
neuere deutsche Systematiker auf dem Gebiet, Schlosser in München,
den tollen Rosenstockler schon zu den echt hirschhaften Tieren. Man
wird immerhin damit rechnen müssen, daß man vielleicht nur eine
Spielform der Grenze vom Hirschferkel zum Hirsch vor sich haben
könnte, die als solche vielleicht isoliert und steril blieb. Aber selbst
so würde sie mindestens ein Musterbeispiel sein, wie die Rosenstock=
entfaltung damals an dieser Ecke in der Luft lag, bald da, bald dort
schon einmal voraus spukte. Möglich aber ist ebenso, daß der
famose Protozeras selber schon eine direkte Beziehung besaß eben zu
der Tierform, auf die unsere Betrachtung jetzt notwendig eingehen
muß. Einer lebenden, um die sich zugleich ein Kranz ausgelebter stellt.

Man kann nämlich nicht von der Möglichkeit reiner Rosenstock=
tiere reden, ohne an ein Geschöpf zu denken, das heute mindestens
so populär im zoologischen Garten ist wie das Kamel. Ich meine
die Giraffe.

Die Giraffe (im Namen steckt das arabische Wort „Seräfe“, das
die „Erhabene“ bedeutet) heißt heute noch in unserer wissenschaft=
lichen Systematik Camelopardalis, der Kamelpanther, — zum An=
denken an die antike Idee, sie sei eine Zwitterzeugung aus Kamel
und Leopard. Das Märchen hatte etwas Richtiges gesehen: die Ähn=
lichkeit mit dem Kamel. Ein ziemlich gleichgültiger Analogiezug war
dagegen die Pardelfleckung. Auch wieder physiognomisch, korrekt aber
war die Vorstellung eines Mischwesens. Sie wird man noch heute
nicht los, wenn man die Giraffe in ihrem Käfig hinschreiten sieht, —
langsam hinschreiten, mit einer gewissen linkischen Unbequemlichkeit,
einer ständigen Gefahr sich zu stoßen auch im größten Gelaß. Es
gibt keinen Innenraum eines Tierhauses, der diesem Koloß genügte.
Wo der Elefant sich flott bewegt und dreht, da bleibt die Giraffe
besorgt schwerfällig, weil sie behindert ist. Selbst im freien Sommer=
gehege ragt sie über alle kleineren Bäume, gewährt ihr eine Fläche,
auf der die großen Antilopen fast verschwinden, kaum ein paar von

ihren Riesenschritten. Kein Tier im Garten schreit so nach großer
Natur, nach Entfaltung in einem Raumstil, den unsere auf Meter
den Boden wertende Stadtkultur nicht mehr kennt. Kein Wunder,
daß man ihr auch in den Folgen viel stärker den armen Ge-
fangenen anmerkt als andern großen Zoo=Tieren. Ihre Gelenke
pflegen zu rachitischen Knollen zu werden, während ihr Hals bei der
aufgezwungenen Graskost (statt Baumlaub) zum Gespenst abmagert. Schillings hat uns zuerst so anschaulich in Wort und Photographie die
„fette Giraffe" im freien afrikanischen Wildstande vorgeführt, die kein
Tierzeichner im Garten bisher gekannt, kein Ausstopfer wiederherzu-
stellen gewagt hatte. Aber alle Bewegungsfreiheit und Opulenz vermag das Bizarre nicht aus dem Grundbilde zu bannen. Gerade auf
Schillings wundervollen Giraffenaufnahmen in ihrem natürlichen
Akazienbusch tritt das aufs schärfste hervor. Auf die uralten Bronto-
saurier und Plesiosaurier der Jura= und Kreidezeit muß man zurückgreifen, um ein annähernd ähnliches Tiererlebnis zu haben wie vor
solchem Bilde.

Bei aller Kamelähnlichkeit des gigantischen Ausschreiters und,
stillstehend, des typischen Baumäsers, der bei der Nahrungsauf-
nahme nach oben schaut, statt zum Boden, fehlen der Giraffe doch
alle die direkt häßlichen Züge des Kamels. In ihr steckt nach der
einen Seite ein ausgesprochen schönes Tier. Die ganze schon durchgearbeitete reife Grazie der Antilope, des Hirschs. Überall stößt man
in den Einzelformen statt auf das roh und stillos Zusammengestoppelte
des Kamels auf die ästhetischen Feinheiten bereits dieser vornehmsten
Wiederkäuer. Der Kopf, das Gesichtsprofil sind vor allem höchst edel. Das
Auge, das von je bewundert worden ist, ist ins Riesenhafte gebracht
das typische Gazellenauge. Die prachtvolle Färbung aber erinnert
an die kokett=gefälligsten Hirschkleider, etwa das des Axis. Die Giraffe
trägt jenseits des Schutzzwecks, dem allgemein auch hier an unruhigem
Muster liegen mag, in der engeren rein rhythmischen Durchführung
eines der schönsten Ornamentalgewänder, die im gesamten Säugetierbereich vorkommen.

Die alte Definition, die Brehm gegeben hat und die lange alle
Bilder und Lehrbücher beherrscht hat, bezeichnet die Grundfarbe des
Giraffenfells als „ein fahles Sandgelb, das auf dem Rücken etwas
dunkler wird und auf der Unterseite ins Weißliche übergeht. Auf
ihr stehen ziemlich große, unregelmäßig gestaltete, meist eckige Flecken
von dunkler oder lichterer rostbrauner Färbung, und zwar so dicht,

daß der helle Grund nur netzartig hervortritt." In der Tat ist man
gewohnt, die Giraffe so in den Gärten zu sehen. Heute weiß man
aber, daß auf ihrem weiten afrikanischen Verbreitungsgebiet eine ganze
Anzahl von Lokalvarianten hausen oder doch (die afrikanische Tier=
schlächterei zu Raubjagdzwecken oder für die Peitschenfabrikation aus
Häuten dezimiert auch hier schon) bis vor kurzem hausten, bei denen
gerade diese Färbung nach ornamentalen Gesetzen variiert. Das alte
Verbreitungsfeld der Giraffen ging vor Einführung des Schießgewehrs
vom Kap bis zum ägyptischen Sudan und nach Abessynien. Auf
dieser riesigen Fläche durchläuft das Fellornament nun in Wahrheit
den ganzen Spielraum von rundlich umschriebenen dunkelbraunen
Pardelflecken in reichlichem weißem oder strohgelbem Grunde (mit
Fleckung tief an den Beinen herab) bis zu einem Marmormuster, in
dem nur noch ein weißes oder orangegelbes Netzwerk eine braune Farb=
fläche in eckige Felder teilt (bei Neigung zu unten rein weißen Beinen).
Und zwar zeigt sich im allgemeinen eine Tendenz, die im äußersten
Süden am stärksten die reine Fleckung, im äußersten Norden die Aderung,
die an einen schönen Stein mit feinen Quarzadern erinnert, be=
günstigt. Die am stärksten fleckige Form war die heute, wie es scheint,
gleich dem Quagga=Wildpferde schon völlig ausgerottete, aber in alten
Museumsbälgen hier und da noch erhaltene Kap=Giraffe. An der ge=
aderten Ecke stehen entsprechend die nubischen und Kordofan=Giraffen.
Dazwischen verteilen sich die verschiedenen Varianten, die als peralta,
cottoni, rothschildi, schillingsi, angolensis, congoensis usw. bald
streng unterschieden, bald als Typen wieder verworfen worden sind.
Im einzelnen durchbrechen sie gelegentlich auch jenes Gesetz, und bis=
weilen weichen die Geschlechter der gleichen Form widersprechend von=
einander ab.

Ich werde nie den Eindruck vergessen, den in der großen Pracht=
halle des Londoner Museums, unfern der schönen Statue des alten
Darwin, eine Kollektion solcher geographischen Giraffenvarianten (ganze
Bälge und Kopfstücke) auf mich machte, die fast die gesammte Skala
jener Mustervarianten auf einen Blick vor Augen stellte. Besonders
deutlich kam dabei auch noch zur Geltung, was ebenfalls bisher kein
zoologischer Garten und kein deutsches Museum hatte lehren können:
nämlich das Nachdunkeln des Brauns in der Giraffenfärbung über
ein tiefes Rotbraun fort bis zur düstersten Schokolade bei alten
Tieren, besonders alten Bullen, wodurch bei den bloß geäderten Arten
zuletzt aus einiger Entfernung gradezu der Eindruck der „schwarzen

8*

Giraffe" entſtand, den Johnſton von der lebenden Rothſchildsgiraffe
ſo beredt geſchildert hat; nahe beſehen hob ſich bei ſolcher dunkeln Art
aber erſt recht ſchön das feine helle Netzwerk heraus, ſo daß in er=
höhtem Maße ein wahres Marmormuſter von einzigartiger Wirkung
zu ſtande kam.

Zu all dieſer unverkennbaren und nie verkannten edlen Schön=
heit aber nun um ſo aufdringlicher das Vertrackte. Die Beine über=
lang, der Leib im höchſten Gegenſatz zu Hirſch= und Antilopenart
unten faſt zur Kugel eingezogen und oben faſt ſchon ganz eingeordnet
in die Baſis des pleſioſaurushaft ungeheuren und wirklich in jedem
Stilſinne ungeſchlachten Halſes. An den „opulenten" Wildgiraffen
der Schillingſchen Bilder wird dieſer Hals geradezu zum ganzen
Tier oberhalb der Beine, der Körper ſcheint nur noch ſeine untere
Verdickung darzuſtellen. In dieſer Extremform durchbricht irgend
etwas grob das fein durchgearbeitete Grundbild, das muß jeder
empfinden. Einen Moment könnte man ja vermuten, man habe es
in dem Halſe ſelber mit einem irgendwie verunglückten, nicht reinlich
aufgebrauchten Ornamentierungsexperiment zu tun. Gebildet wird
die abnorme Länge merkwürdigerweiſe nicht durch eine entſprechend
abnorme Vermehrung der Halswirbel, ſondern lediglich durch Streckung
der normalen ſieben Säugetierwirbel dieſer Gegend. Was Zahl an=
betrifft, ſo hat das äußerlich ſcheinbar halsloſe Dreizehen=Faultier
tatſächlich zwei abnorme Halswirbel mehr, während die Giraffe im
Normalſchema bleibt und nur die einzelnen Wirbelkörper anlängt.
Das nähere anatomiſche und phyſiologiſche Studium macht aber ſo=
fort wahrſcheinlich, daß diesmal faſt ganz oder ganz ein äußerliches
und nachträgliches Anpaſſungsextrem vorliegt.

Für dieſe Anpaſſung muß die Vergleichung mit dem Kamel
entſcheidend werden, und zwar ausgehend von den Beinen. Wie das
Kamel, iſt die Giraffe offenſichtlich ein urſprüngliches und geborenes
Steppentier. Noch heute iſt ſie es ihrer Lebensart nach in erſter
Linie, wenn ſie auch gelegentlich, wo es ſich eben gibt, bis in den
Bergwald aufſteigt. Ganz wie das Kamel erträgt ſie extreme Trocken=
heit und dauert unter ungünſtigſten Verhältniſſen glänzend aus, wo=
bei ihr Fetthals die gleiche Rolle eines Reſerveſpeichers ſpielen mag,
wie beim Kamel der in der Not gleichſam innerlich abgebaute Höcker.
Ihre Hauptſtärke für ſolches Milieu aber beſteht in ihren unverwüſt=
lich ausdauernden Schreitbeinen. Dieſe Beine konnten für den Zweck
gar nicht ſtark, gar nicht weit ausſchreitend genug ſein, ganz ähnlich

wie beim Kamel. Beide sind in erster Linie Geh=Tiere, nicht Renner.
Alle Geh=Tiere bekommen aber Tendenz auf lange Schlenkerbeine.
Bei der Giraffe müssen extremste Ursachen nach hier herüber gewirkt
haben, die sie endlich auf wahre Mastbäume stellte. Von diesen
systematisch heraufgezüchteten Beinen erst ist dann der Hals abhängig
geworden, denke ich mir. Eine so hohe Beinlage legte auf jeden Fall
schon nahe, daß auch mit dem Halse irgend etwas geschehen mußte.
Sollte die Giraffe im Sinne so vieler anderer Wiederkäuer ein
Bodengraser sein, der von der Fläche weidete, so mußte der Hals sich
allmählich im Verhältnis der Beine strecken, damit der Kopf den
Boden überhaupt noch erreichen konnte. Im zoologischen Garten
sieht man die Giraffen gelegentlich so grasen, wobei sie eine recht
unbequeme Stellung mit weit gespreizten Beinen einnehmen müssen,
die Brehm s. 3. als Kuriosum besonders hat zeichnen lassen. Man
fühlt ihr an, daß sie ein Notbehelf ist, zu dem der Hals selbst bei
seiner heutigen enormen Länge eigentlich nicht recht reicht. Die Ge=
wohnheitshaltung des behaglich einhamsternden Dauerfressers nach
Ruhart kann das unmöglich sein, und Beobachter wie Schillings ver=
sichern also auch, daß keine Giraffe freiwillig in dieser Weise bodenäst.
Ganz offenbar ist die Giraffe Entwickelungskind einer Gegend, wo in
der Steppe doch einzelne hohe Büsche und Bäume ragten, denen sie
schon durch ihre reine Hochbeinigkeit näher gebracht wurde als andere
Huftiere der Gegend. So wurde ihre Halsbildung wohl früh nach
oben gezogen, allmählich dann in ein Extrem, das ihr Baumweide
zur Regel machte. Das stachelige Akaziengezweige behagte ihrem
unverwöhnten Wüstensinn dabei so gut wie dem Kamel. Und schließ=
lich wurde daraus eine Überlegenheit, die ein ganzes Nährbereich
mehr erschloß.

Den Weg der fortschreitenden Halsverlängerung selbst mag man
sich dabei beliebig mehr lamarckistisch oder mehr darwinistisch aus=
malen. Der alte Lamarck sah im Giraffenhals ein Prachtexemplar
einer Anpassung durch Begehren und vererbte Gebrauchsfolgen. Die
Giraffe wollte immer höher hinauf an den Futterbäumen und reckte
ihren Hals in vielen Generationen immer wieder empor. Dadurch
wurde der Hals individuell immer wieder gedehnt, und der Körper
stellte sich allmählich auf die Lage ein; indem das dann endlich durch
Vererbung allgemein fixiert wurde, entstand der Langhals bereits als
Artabzeichen. Nach Darwin würde die Sache blinder gegangen sein:
der Giraffenhals variierte wie jedes Organ, er war bei den einen

Individuen gelegentlich etwas länger als bei den andern. In Zeiten
der Not erhielten ſich nur dieſe längeren Varianten, da ſie noch ein
Stückchen höher hinauf äſen konnten als alle andern. Die Art lief
alſo nur über ihre Kinder weiter und wurde bei dieſer Reinzucht
aus nur langhalſigen Varianten vorausſichtlich im ganzen etwas
langhalſiger. Dieſer Prozeß öfter wiederholt — und der Hals konnte
extrem angelängt werden. Gegen die Lamarckſche Erklärung läßt ſich
ins Feld führen, daß individuelle Veränderungen durch Gewohnheit
angeblich nicht vererbt werden; angeblich; die Frage iſt aber ſelber
offen. Bei Darwins Idee ſträubt man ſich unwillkürlich gegen die
Komplizierung und die vielen rigoroſen Vorausſetzungen der Dinge.
Jede Kleinigkeit Länge mehr müßte eine Frage auf Leben und Tod
geweſen ſein. Immer wieder müßten genug Längenvarianten „zu=
fällig" im Spiel geweſen ſein. Und ſo weiter. Der Gedanke müht
ſich, ob nicht in beiden Deutungen ein Kern von Wert iſt und doch
die Sache noch in einem dritten Sinne anders war, — hier wie
überall. Man wird nur grade bei der Giraffe wieder beſonders
daran erinnert, weil ſowohl Lamarck wie Darwin gern von ihr ge=
ſprochen haben. Aber das eine blieb beiden als Grundphänomen
klar und iſt heute noch nicht anders: daß ein Vorgang aus dem
gleichſam techniſchen Anpaſſungsgebiet hier zugrunde liege. Es iſt
intereſſant, daß das Kamel ſelber bis zu gewiſſem Grade ſchon einmal
den gleichen Weg eingeſchlagen hatte. Aus den mittelmiozänen Schichten
von Colorado iſt ein ausgeſtorbenes „Hochkamel" (Alticamelus) be=
ſchrieben worden, das wirklich ſchon faſt einen Giraffenhals mit ganz
ungeheuerlich ausgereckten Wirbeln führte; man findet ſeine Skelett=
knochen auf den prachtvollen Blättern, die das American Museum of
natural history herausgibt, dargeſtellt. Etwas ganz Ungewöhnliches
war alſo jedenfalls auch bei der echten Giraffe hier nicht vonnöten,
vorausgeſetzt, daß man irgend ein Prinzip zur Anpaſſung überhaupt
zugibt.

Die alte Idee der „Kreuzung" gewinnt alſo ein anderes Geſicht
Nicht Kamel und Pardel haben ſich in der Giraffe gemiſcht, ſondern
ein ſchönes, nicht allzu hochbeiniges, prächtig geſchmücktes großes Tier
iſt mit einer einſeitig extravaganten Anpaſſung zuſammengefloſſen.
Unwillkürlich erwägt man, ob die beiden Elemente ſich nicht wenigſtens
ideell noch trennen ließen? Ob das zugrunde liegende Geſchöpf ſich
nicht noch für ſich herauslöſen ließe als eine Art Ideal=Giraffe?
Wir wiſſen aber, daß dieſe idealen Sonderungen durchweg einen

paläontologischen Beigeschmack haben. Die ideell vereinfachte, von extremen Arabesken möglichst befreite „Urform", nach der man in Goethes Tagen suchte, hat immer eine gewisse Wahrscheinlichkeit in sich, darwinistisch gewisse historische Züge zu spiegeln. Wie könnte das „Urbild" der Giraffe geschichtlich ausgesehen haben?

Das Geschlecht Kamelopardalis ist heute auf Afrika beschränkt. Das war noch im letzten Drittel der Tertiärzeit nicht so. Lang= halsige Giraffentiere lebten damals bei Pikermi in Griechenland, auf Samos, am Himalaya, in China. Und das kann an sich wieder nicht wundern, denn wir wissen, daß die damalige Tierwelt grade dieser Länder heute ihr wichtigstes Asyl in Afrika gefunden hat, wo gewissermaßen noch immer die alte Tertiärzeit fortdauert. Aber eine recht seltsame Überraschung sollte doch an den gleichen Orten grade den Giraffen= forschern paläontologisch noch zuteil werden.

Jenes Pikermi bei Marathon ist eine berühmte Fundstätte tertiärer Säugetiere. In einer wahren Katakombe lag dort auf kleinem Raum ein ganzer Berg äußerst interessanter Tierknochen beisammen, deren Träger lebend einst auf der Wende von der Miozän= zur Pliozänzeit diese Gegend, die in späten Menschheitstagen kulturell so bedeutsam werden sollte, bewohnt und wohl bei irgendeiner lokalen Katastrophe gemeinsam ihr Ende gefunden hatten. Elefanten, Nashörner, Tapire, kleine Hirsche, Gazellen, Klunkerpferde (Hipparion), Erdferkel, Affen, ein großer Klippschliefer erscheinen da und deuten auf eine Buschsteppe mit klimatischen wie zoologischen Verhältnissen, wie sie heute teils in Indien, teils in Südafrika fortexistieren. In dieser so wohl erkenn= baren Fauna von Pikermi zeigen sich nun neben, wie gesagt, Skelett= resten echter Giraffen die vortrefflich erhaltenen Knochen eines mächtig großen Huftiers, das in den verschiedensten Merkmalen sich aufdring= lich auch als ein giraffenhaftes Wesen zu erkennen gibt, aber dabei doch weder die ganz ungeheuren Beine, noch den entsprechenden Lang= hals der echten Giraffe besitzt. Das Tier ist der klassischen Stätte entsprechend das Hellastier (Helladotherium) genannt worden. Eine der Pikermiwelt durchaus entsprechende, gleichzeitige Fauna ist uns auf der Insel Samos erhalten. Und auch dort stellt sich neben die Halsgiraffe eine solche kurzhalsigere, gedrungenere „Nebengiraffe", das entsprechend getaufte Samostier (Samotherium). Hellastier wie Samostier geben in der Tat das „Urbild" einer Giraffe, die bereits in den entscheidensten anatomischen Einzelmerkmalen „Giraffe" war, aber grade das noch nicht besaß, was jeder Laie heute an der Giraffe bestaunt.

Die echte Langhals-Giraffe bestand allerdings schon neben ihnen. Aber wie die Sachlage ist, muß man vor jenen interessanten Funden zugeben, daß dieser Langhals offenbar damals nur eine Form des Giraffen-Grundtypus, sei es auch eine schon früh entstandene, darstellte. Die Langhals-Giraffe erscheint gewissermaßen nur als eine extreme Spielform wieder dieses Typus, als eine einzelne hochspezialisierte Anpassungszüchtung auf dem Boden eines ursprünglich viel einfacheren, besser proportionierten, nicht so schroff „gekreuzten" Grundbildes, das uns urweltlich eben in jenen Hellas- und Samostieren greifbar entgegentritt.

Und hier ist der Punkt, wo nun neuerdings auch ein lebendes Tier sich bedeutsam eingemischt hat. Keine zoologische Entdeckung aus dem oberen Bereich der Tierwelt ist in den letzten zehn Jahren so berühmt geworden, so viel auch in weiteren Jagd- und Kolonialkreisen besprochen worden, wie die des sogenannten Okapi im tropischen Afrika.

Die großen geographischen Entdeckungen der letzten fünfzig Jahre hatten für den eigentlich sensationellen Teil der Tierkunde relativ nicht mehr viel gebracht. Man fing an zu resignieren. Die urweltlichen Tierformen, die allerdings immer grotesker wurden, sollten es ersetzen, wenn das Lebendige keine Ausbeute mehr ergab. Was hatte man nicht alles erhofft: noch lebende Mammute in Alaska, lebende Moas in den Dickichten Neuseelands, fortlebende Riesenbeuteltiere im Innern Australiens, rätselhafte Ungetüme an den Ufern des südpolaren Kontinents; es wurde nichts. Wieviel über bekannte Tiere gelogen worden war, stellte sich allenthalben heraus; neue aber von Sensationskraft kamen nicht hinzu. In diese abflauende Stimmung schlug die Entdeckung des „Okapi" wie ein Donnerschlag. Stanley, als er auf der Höhe jener tollsten geographischen Pioniertaten das Geheimnis über dem oberen Kongo lüftete und ein unbekanntes Gebiet erschloß, so groß wie ein kleiner Erdteil für sich, hatte darauf hingewiesen, daß in diesem neu auftauchenden Wunderlande auch noch große zoologische Überraschungen ihres Enträtselers harrten. Er selbst war dazu ja nicht der Mann. Seine naturgeschichtlichen Kenntnisse, daß Gott erbarme: sie gingen wohl nicht über die Einteilung etwa von Blütenpflanzen in rote, blaue und gelbe. Als aber der Kongo-Staat sich etablierte, hätte man auch nach dieser Richtung Erfüllungen erwarten sollen. Es schien indessen auch diesmal nichts zu werden, bis endlich um 1900 die Sache mindestens doch an einer Stelle in Fluß kam. Damals sandte Sir Harry Johnston seinen naturforschenden Landsleuten daheim, den Herren von der Zoologischen Gesellschaft in London, zwei Leibbinden ein, die aus dem hübsch gestreiften Fell eines unbekannten Tieres aus dem zentral= afrikanischen Semlikiforst gefertigt seien. Die Gelehrten in ihren Fachsitzungen rieten auf ein neues zebraartiges Wildpferd. Bald aber konnte Johnston selbst die wahre Aufklärung nachfolgen lassen. Das Britische Museum genoß den Ruhm, zuerst ein 1901 übersandtes Fell eines Okapi ausgestopft der Kulturwelt vorführen zu können und damit ihr allerdings den Anblick eines absolut neuen, in jedem Betracht erstklassig merkwürdigen Säugetiers zu gewähren, auf dem bisher nur die Blicke unwissender Eingeborener im dunkelsten Afrika gelegentlich und flüchtig geruht hatten.

Wie es geht: nachdem der Bann einmal gefallen war, konnte es ja scheinen, als sei es reinweg unbegreiflich, daß ein so auffälliges und keineswegs lokal ganz eng beschränktes Großtier nicht längst den Reisenden bekannt geworden sein sollte. So sind in rascher Folge in den Jahren seither Schädel, ganze Skelette, Felle und Fellstücke in unsere Museen gelangt, und die umfangreichsten Spezialarbeiten konnten sich dem Okapi=Tier widmen. Jener erste Balg in seinem Glasschrank der unvergleichlichen Londoner Galerie aber mußte für jeden, der ihn damals sah, ein wirkliches zoologisches Ereignis sein. Nachdem vor Balg und Schädel augenblicklich klar geworden war, daß man im Okapi kein Pferd, sondern einen paarhufigen Wiederkäuer vor sich habe, hatte sich das höchste Interesse der Londoner Fachgelehrten darauf konzentriert, was für eine Sorte Wiederkäuer darin stecken möge. Der nächste äußere Eindruck deutete auf eine große Antilope. Das erste Londoner Exemplar, anscheinend noch nicht ausgewachsen und ohne Spur eines Gehörns, glich in gewissem Habitus am meisten noch der riesigen hochgebuckelten indischen (ehemals bis Java verbreiteten) sogenannten Nilgai=Antilope, deren Weibchen ebenfalls des Gehörns entbehren. Der eigentliche tierkundliche Ruf und Ruhm des Okapi war aber in dem Moment für immer begründet, als sich aus dem anatomischen Spezialbau mit untrüglicher Sicherheit ergab, daß dieses neue Wesen Okapi auch keine Antilope, sondern nichts mehr und nichts weniger als eine Giraffe sei. Der einzige heute noch auf Erden lebende zweite Vertreter giraffenhafter Tiere neben dem altbekannten, bisher lebend absolut isolierten Langhals!

Wenn man sich diese alsbald allgemein bekannt gegebene und

erst eigentlich die Neuentdeckung krönende Nachentdeckung aber genügend
eingeprägt hatte, war nun vor dem ausgestopften Londoner Exem=
plar das jetzt wieder konträr verblüffende, daß es wirklich einem Nil=
gai oder sonst einer Antilope oder auch einem Hirsch eben darin
glich, daß es nicht die Langbeine und den Langhals dieser be=
kannten Giraffe wies. Die Beine blieben in harmlos normalem An=
tilopenmaß, der Hals saß stark und schön an den Schultern, aber
ebenfalls ohne jede giraffische Extravaganz. Mit kurzem Wort:
man hatte auch im Okapi eine Giraffe vor sich nicht in dem über=
lebenden Langhals=Typus, sondern umgekehrt diesmal überlebend in
dem Typus jener uralten Samos= und Hellastiere. Ein noch lebendes
Hellastier in gewissem Sinne selber war es, obwohl sonst nicht alle De=
tails eben stimmten.

Wer das restaurierte Skelett dieses Helladotherium, wie es Gaudry
schon vor vielen Jahren gegeben hatte, kannte, für den war es vor dem
Londoner Okapi jetzt ein exquisiter Genuß, sich solche Ur=Giraffe wieder
mit Fleisch und Fell bekleiden zu dürfen. Okapi befreite den Giraffentypus
von allen beiden althergebrachten Vergleichsgegensätzen: ließ es in der
Statur das Kamel fort, so in der Farbe den Pardel. Eine prachtvolle
Ornamentalfärbung ist zwar auch ihm eigen, aber eine total anders=
artige. Der Kopf, der Hals, der eigentliche Rumpfteil sind ohne
Zeichnung. Ihr Grundton war an dem Londoner Fell ein einheit=
liches lichtes Pechbraun. Die Beine dagegen unterliegen einer der
glänzendsten Malereien des ganzen Säugetierbereichs, die aber nicht
an das Pardelmuster, sondern an die Zebrastreifung anknüpft; wer
das ahnen konnte! Dunkle Streifen oder besser wellig geknitterte
Bänder sich über hellen Grund ringelnd. Am Vorderbein umfaßt
dieses Ornament nur das obere freie Stück bis zum vermeintlichen Knie
oder wahren Fußgelenk, ohne das verborgene Rumpfoberbein zu
markieren. Hinten so, daß die wunderschönen dunkeln Bandwellen
vom Fußgelenk an auch die ganzen fleischigen Oberschenkel hinauf=
gehen und bis in die Hinterbacken eine Art Streifen=Spiegel erzeugen.
Das Tier trägt gestreifte Schwimmhosen, sagte jemand witzig —
es traf die Sache. Das Fußbein im Kanonenstück geht aus dieser
Hose rein weiß hinunter, erst wieder mit einem dunkeln Ring dicht
am Doppelhuf. Vorn trägt die Front dieses Kanonenbeins eine
besondere, an Sumpfhirsche und Antilopen erinnernde Brillen=
zeichnung auf der Handwurzel mit lang absteigendem Stil zu dem
gleichen Ring. Wenn irgend etwas beweiskräftig dafür sein kann,

daß die Zebrazeichnung einen erotisch-ornamentalen Ausgang hat,
so muß es diese ausgesprochene Beziehung zum Hinterteil, der
Spiegel- und Geschlechtsgegend, beim Okapi sein. Andererseits ist
man aber doch geradezu verblüfft, daß der Kopf, besonders die
Schnauze, so gar nichts davon mitbekommen hat. Das Gesicht erhält
dadurch im Gegensatz zum Zebra sowohl wie zu den gezeichneten
Antilopen etwas Pointeloses, Ausdrucksleeres. An dem (nur zufällig hornlosen) Londoner Balg hatte der Kopf mit seinen mächtigen
Ohren und der charakteristischen Buckelung einen leisen Zug von
einer riesigen Maus. Kein anderer Wiederkäuer konnte jedenfalls
zum Vergleich herangezogen werden.

Also wir besitzen die schlichte Grundform des Giraffentypus
noch, — fossil sowohl wie lebend. Daß sie sich lebend ebenfalls bis
heute erhalten hat, spricht dafür, daß sie stets einen großen Raum
in diesem Typus eingenommen hat, ursprünglich wohl ziemlich sicher
den Hauptraum. Und so könnte man sagen, daß das, was den Besucher unserer Tiergärten an seiner „Giraffe" fasziniert, eigentlich
stark sinke und zu einer mehr oder minder belanglosen Nebenspeziali-
tät werde, sobald man die Dinge geschichtlich ansieht. In Wahrheit
ist aber gesorgt, daß dafür von ganz anderer Ecke das Interesse
wieder steige.

Samostier, Hellastier, Okapi sind Giraffen auch ohne Lang-
hälse. Man entnimmt das aus gewissen Eigenheiten besonders des
Schädel- und Zahnbaus, dann dem gleichzeitigen Fehlen von Afterzehen an den Füßen und anderem mehr. Das Fehlen der Afterzehen
erinnert dabei an die Kamele und möchte auch bei den kurzhalsigen
Giraffen nur eine kleine Anpassungs-Analogie nach dieser Seite sein,
auf die im ganzen wohl nicht viel ankommt. Bei den übrigen Merkmalen, die das Giraffenvolk unter sich zusammenhalten, sei es nun
lang- oder kurzhalsig, sind aber einige, die bedeutsam werden wegen
des gleichzeitigen Hinweises auf andere Wiederkäuergruppen. So
deutet der Bau eines einzelnen Schädelknochens, des Tränenbeins,
anscheinend hinüber zu gewissen echten Antilopen, speziell der kleinen
indischen Vierhornantilope und dem großen indischen Nilgai. Viel
aufdringlicher aber werden solche Beziehungen aller Giraffen zum —
Hirsch.

Jener scharfsinnige Schweizer Anatom Rütimeyer faßte vor Jahr
und Tag zuerst die damals zunächst sehr verwegen aussehende Idee,
die Giraffe sei nach Backenzahn- und Geweihbau eigentlich nur ein

verkappter Hirsch. Und nachdem das Für und Wider sich in der
Folge weidlich ausgetobt hat, ist wenigstens in der heute aus=
schlaggebenden paläontologischen Literatur das Zünglein der Wage
wirklich endgültig hier herüber gegangen. In unsern zoologischen
Gärten ist ja alter Brauch, daß die Langhals=Giraffe ihr Quartier
im Antilopenhause hat, und wer dort von Jugend auf gelernt hat,
der hat sie auch immer am nächsten mit den Antilopen verknüpft.
Die meisten Antilopen stammen gleich ihr aus Afrika, während es in
fast ganz Afrika ausgespart keinen einzigen echten Hirsch gibt. Her=
gebracht hielt man auch fast alle Antilopen früher in einer Art Treib=
haus, um ihnen afrikanisches Klima zu geben, und in dieses Kunst=
Afrika mußte dann auch die Giraffe; heute ist allerdings gerade das
vielfach durch die neue Erkenntnis durchbrochen, daß auch echte Tropen=
antilopen sich in relativ kühlen Hirschhäusern bei uns wohler fühlen,
als in solchem Treibhause alten Stils. Wer aber nach Paläonto=
logen wie Zittel und Schloſſer ordnen wollte, der müßte unzweideutig
das Giraffenhaus jetzt auch systematisch an den Hirschpark angliedern.
Und zwar wird hier entscheidend eben das, was beim Gros aller
Hirsche auch äußerlich und für den Laien den „Hirsch“ macht: näm=
lich die Natur der charakteristischen Stirnzier der Giraffe.

Wir haben von ihr bisher nicht gesprochen, — jetzt aber soll
sich zeigen, daß sie tatsächlich das letzthin Interessanteste überhaupt
ist, was diese Giraffe besitzt, und ein vollwertiger Ersatz für alles,
was die Langhals=Sensation etwa entwickelungsgeschichtlich einbüßen mag.

Wenn man eine Probe machen will, wie scharf oder nicht scharf
die Durchschnittsbesucher unserer zoologischen Gärten beobachten, so
muß man nach einem Rundgang (der natürlich auch vor dem Giraffen=
gitter verweilt hat) die Frage stellen: Was hat die Giraffe für ein
Geweih oder Gehörn? Ich bemerke dabei, daß es sich empfiehlt, unter
Geweih im allgemeinen die abwerfbare Stirnzier eines Hirschs, unter
Gehörn das bleibende Hörnerpaar einer Antilope, eines Rindes, eines
Schafs oder einer Ziege zu verstehen. Im gemeinen Brauch schwankt
das ja ziemlich bunt hin und her, und es wird zwar nicht leicht
einer die Ochsenhörner ein Geweih nennen, die meisten aber werden
sich nicht nehmen lassen, von einem echten und rechten Rehgehörn
zu reden, obschon das Reh zoologisch eine so gute Hirschart ist wie
jeder Rothirsch oder Damhirsch. Dennoch sollte man lieber trennen,
denn wir werden sehen, daß Hirschzier und etwa die Zier des Ochsen
zwar nach der einen Seite innerlich eng zusammnnhängen, in einem

ganz bestimmten Sinne aber doch auch wieder grundlegend verschieden
gebaute und entstandene Dinge sind; warum also nicht lieber mit den
beiden gegebenen Worten auch einen natürlichen Gegensatz markieren.

Doch beiseite das jetzt: wie sieht das Stirngebilde der Giraffe
aus? Die gewöhnliche Antwort, die ich bekomme, ist: sie hat überhaupt dort nichts. Sie hat doch keine Ochsenhörner, nein, gewiß
nicht, das hätte sich sofort eingeprägt. Und noch weniger hat sie
die Edelkrone eines kapitalen Hirschs. Sie hat aber doch etwas,
sage ich. Nun so müssen es ganz kleine Gemsspitzchen sein. Auf
einem alten Holzschnitt bei Gesner, der zweifellos aus ähnlicher
unklarer Erinnerung gezeichnet ist, finde ich die Giraffe in der Tat
mit einem kurzen Gems= oder Ziegengehörn geschmückt. Wenn man
einen solchen Besucher dann noch einmal zu dem Tier selbst zurück-
bringt, so muß er zugeben, daß hier etwas Überraschendes vorliege,
das mindestens ebenbürtig zu den übrigen Wundern der „Seräfe" kommt.

In der Tat zeigt sich etwas, das alle jene Vermutungen nicht
decken. Zwei kurze Zapfen, die vielfach nicht über den Spielraum
der Ohren vorragen. Im Verhältnis zu den kolossalen Dimensionen
aller Organe sonst an solchem Giraffenleibe ganz absurd kleine Dinger.
Dabei oben nicht einmal spitz, sondern wie abgehackt. Und das entscheidende, allerdings auch ganz und gar seltsame: diese Stöckchen
oder Klötzchen sind vollständig mit der gleichen haarigen Haut über-
wachsen wie der übrige Kopf. Statt einer richtigen Geweihstange
oder einem richtigen Horn gleichen sie viel eher jenen Hautschwielen
des afrikanischen Warzenschweins. Und die Ähnlichkeit wird dadurch
vermehrt, daß bei unseren hergebrachten Tiergarten=Giraffen durchweg etwas weiter nach dem Nasenrücken zu noch ein dritter, einzelner
Hautbuckel von noch geringerem Vorsprung ragt, der durchaus nur
wie eine derbe Warze oder Schwiele oder eine Art Beule vor der
Unterstirn aussieht, deren Schwellteil ebenfalls unter dem bunten Fell
liegt. In den Museen, besonders dem Londoner, kann man dann noch
verfolgen, daß je nach den oben erwähnten geographischen Sonder-
arten der Langhals=Giraffen von heute diese Warzentreiberei unter
Umständen noch weiter geht. Während bei der heute verschollen ge-
meldeten Kap=Giraffe das unpaare Gebilde vorne abnimmt, verstärkt
es sich bei andern Varianten erst recht, ja es wachsen auch kleine,
sonst äußerlich gar nicht sichtbare Warzen noch hinter den beiden
größeren Zapfen ebenfalls zu einem starken Zapfenpaar aus. So
entsteht die „Fünfhorn=Giraffe", die der Okapi=Entdecker Johnston

zuerſt in rieſenhaften, vor Alter faſt ganz ſchwarzen Exemplaren ge=
ſehen hat.

Stöckchen oder Klötzchen, ſo kam das Wort unwillkürlich in die
Feder. Stöckchen, die warzenartige Gebilde der Stirn= oder Scheitel=
gegend zu ſein ſcheinen. In den Stöckchen ſteckt unter dem um=
hüllenden Fell je ein wirkliches Teil Knochenſubſtanz, es handelt ſich
alſo um überwachſene Knochenwarzen. Von einem Abwerfen, einem
periodiſchen Wechſeln der ganzen Gebilde oder eines Teils von ihnen
iſt niemals etwas beobachtet worden, obwohl man ſeit den zwanziger
Jahren des 19. Jahrhunderts die Giraffe mit kurzer Unterbrechung
als ſehr regelmäßigen Gaſt unſerer Tiergärten gehalten, auch ge=
legentlich lange gehalten und ſelbſt (ſo wohl fühlte ſie ſich) zur Fort=
pflanzung gebracht hat. Ich meine, es muß mit zwingender Not=
wendigkeit hier das Bild auftauchen, das uns eben beſchäftigt: dieſe
Giraffenzier entſpricht reinen Roſenſtöcken!

Die Giraffe hat kein Hirſchgeweih im Sinne von Geweih=
ſtangen, — aber ſie trägt zeitlebens das Ur= und Erſtgeweih doch
des Hirſchs: Roſenſtöcke. Das war es, was auch jenen Syſtematikern
ſich ſchlicht ergab, als ſie die Giraffe reſolut bloß als eine Unter=
familie der Familie der Cervikornier, der Geweihträger, in deren
Mitte die Hirſche ſtehen, einreihten.

Entwickelungsgeſchichtlich würde der Fall uns aber jetzt wieder aufs
geradezu glänzendſte eine weitere Station der hiſtoriſchen Hirſch=
werdung leibhaft vor Augen ſtellen: nämlich die Station des reinen
Roſenſtockhirſchs. Des Hirſchs mit beginnendem Geweih, aber noch
ohne abwerfbare Stange, — bloß mit dauernd fellumwachſenen
warzenhaften Knochenauswüchſen der oberen Schädelfläche, die als
Lebensbeſitz dort dem entſprachen, was heute jeder Rothirſch oder
Rehbock als Grundlage erſt ſeines Stangengeweihs im Roſenſtock beſitzt.
Die Giraffe verträte heute noch dieſen Anfangshirſch, wie das Moſchus=
tier ſeine noch primitivere, ſelbſt noch roſenſtockloſe Vorſtufe vertrat.
Die roſenſtockhaften Gebilde treten bei ihr noch in einer Mehrzahl,
bis zu fünfen, hervor. Aber das würde nur auf das urtümliche
Experimentieren weiſen. Etwa wie es heute noch eine primitive
Antilope gibt, die wirklich auch vier Hörner hat. Oder wie jenes
vorweltliche Tier Protozeras, das vielleicht ſelber direkt noch in den
äußerſten Stammbaum der Giraffen gehört, ebenfalls vier Paare von
Knochenprotuberanzen des Oberſchädels wies. Beim echten Hirſch
ſind nachher nur zwei Roſenſtöcke geblieben, mehr hätten keinen Zweck

gehabt, da das dort hinzutretende mehr oder minder schwere Geweih wohl alle Kraft schon für ein einziges Paar Kopfzierden verbrauchte. Aber bereits bei der Kap=Giraffe selbst sehen wir Tendenz zur Vereinfachung, und überall ist das mittelste Paar schon das entscheidend größte. Gerade dieses Mittelpaar entspricht der Lage nach dabei aber am entschiedensten den späteren Hirsch=Rosenstöcken, indem es wenigstens noch über der Grenze von Stirnbein und Scheitelbein ragt. Bei dem Okapi (das sich in den später bekannt gewordenen Exemplaren keineswegs als einer solchen Hauptzier ledig erwies) steht es sogar schon vollständig wie jene echten Rosenstöcke auf den Stirnbeinen und sein Überwiegen ist ein absolutes; und das gleiche gilt von dem sehr ähnlichen alten Samostier, während die Kopfzier des Hellastiers bisher aus den Resten noch nicht recht deutlich geworden ist.

Alles schließt sich nach dieser Seite offenbar sehr hübsch aneinander. Und nur eines könnte noch einen Moment stutzig machen.

Es schien uns vorhin wahrscheinlich, daß bei den Anfangsstadien des echten Hirsch das Aufkommen von Rosenstöcken als erstem Stirnornament noch gleichzeitig erfolgt sei mit dem Fortbestehen moschustierhafter männlicher Eckhauer. Alle Giraffentiere entbehren aber bereits vollkommen der oberen Eckzähne, sind also aus dieser Möglichkeit längst heraus. Die Backzähne z. B. jenes alten Samostiers sind frappant denen des Elentiers, also eines typischen Hirsch, gleich, was für die allgemeine Hirschverwandtschaft glänzend spricht; aber ebenso elenhaft fehlen eben auch dort und damals schon die oberen Eckzähne. Nun ist jene Wahrscheinlichkeit ja kein absolutes Muß. Aber man wundert sich doch. Und hier ist nun wieder neu interessant, daß die ganz genaue Untersuchung der rosenstockhaften Zapfen unserer Giraffen, wie es scheint, doch auch noch ein kleines andersartiges, leicht verschiebendes Ergebnis gewährt.

Der Rosenstock unserer heutigen Geweihhirsche, so sahen wir früher, unterscheidet sich dadurch vom eigentlichen Geweih=Stangenteil, daß er eine bleibende Knochenwarze des Schädels selbst ist, aus der nachträglich erst und periodisch die Stange als besonderer, vergänglicher Aufsatzknochen sproßt. Anfangs umgibt auch diese Stange noch rosenstockhaftes Fell, später aber geht diese Hülle auf ihr ein. Eine alte Streitfrage ist dabei, wieviel Anteil an der Verhärtung der anfangs weich sprossenden Stange, also ihrer eigentlichen „Knochenwerdung", diese Deckhaut habe. Ein Teil der Forscher hat das früher so weit getrieben, daß er die Stange unter ihrer Haut geradezu als eine reine Hautverknöcherung entstehen ließ, die sich nach Art etwa einer einzelnen Panzerplatte beim Gürteltier erst äußerlich auf den Rosenstock als Tragstelle aufsetzen sollte. Die andern Sachkenner, besonders neuere, betonen dagegen das wirkliche Sprossen der eigent= lichen Substanz aus dem Rosenstock und also dem Schädel selbst und lassen eventuell bloß Nachhilfe der Haut bei der Verhärtung oder sonst dem Ausbau zu.

Wie sich das nun völlig löse, so erhellt jedenfalls: eigentlich gibt es da ganz kein gesondert drei Stadien. Nicht bloß Rosenstock und Stange. Sondern erst Rosenstock, dann Stange, die aber noch rosen= stockhaft selber in Fell steckt, und endlich freie, abwerfbare Stange. Wenn wir auch das geschichtlich wenden, so würden wir entsprechend drei Entwicklungsstufen alter Hirschformen annehmen müssen: Hirsche bloß erst mit fellüberwachsenem Rosenstock; Hirsche mit erster Stange auf diesem Rosenstock, die ebenfalls aber noch mit Fell überzogen war; und endlich erst Hirsche auch mit nackter Stange.

Es scheint aber nun, daß unsere Giraffen vor genauester ana= tomischer Untersuchung nicht mehr exakt zu der ersten Stufe gehören, sondern bereits im Übergang zu der zweiten stehen. Während nämlich jenes hinterste Paar Schädelwarzen, das bei der besagten „Fünfhorn= giraffe" auch noch zu regelrechten Zapfen auswächst, auf alle Fälle und überall bei allen Giraffen im Stadium des reinen, echten Rosen= stocks wirklich verharrt, zeigt sich bei dem entscheidenden großen Zapfen= paar der oberen Stirnbeinecken in dem vermeintlichen fellumwachsenen Rosenstock tatsächlich auch schon ein Gebilde, das in ganz kleinen Maßen einem ersten, allerdings ebenfalls hier noch dauernden und zeitlebens unter Fell bleibenden Stangenansatz entspricht. Dieses Gebilde steigt nicht gleich als harte Knochenwarze aus dem Stirnbein selbst, sondern es verhärtet erst allmählich mit zunehmendem Alter der Giraffe in seiner Haut und verschmilzt so erst nachträglich mit einer darunter liegenden echt rosenstockhaften Protuberanz der Stirn= beingrenze zu dem wirklichen knöchernen Gesamtzapfen. In solcher Giraffe, wie sie typisch etwa die Fünfhorn-Giraffe uns darstellen mag, hätten wir also, streng genommen, zwei alte Stadien neben= einander erhalten: den reinen Rosenstockhirsch und daneben am gleichen Schädel den Fellstangenhirsch. Zu diesem schon etwas vorgeschritteneren Stadium oben mag dann unten auch etwas besser passen, daß dort schon der ganze Eckzahn fort ist; immerhin paßt es auch noch nicht ganz, wie wir später sehen werden, aber es kommt doch schon näher,

und ein klein wenig Spielraum muß man ja stets den zeitlichen
Verschiebungen durch lokal oder milieuhaft eiligeren oder langsameren
äußeren Anpassungszwang zugestehen; hat doch die Giraffe auch im
Hirschsinne höchst voreilig und einseitig überflügelnd die Afterzehen
an ihren kamelhaften Schreitfüßen abgeschafft, ohne daß uns das
die Gesamtlage als Spiegel alter Übergänge stören dürfte. Für diese
wirklichen Übergangsprobleme unseres Hirschstammbaums ist aber die
Fellstangen-Sache, die sich uns da so nebenbei geklärt hat, direkt
wieder, genau besehen, von der allerentschiedensten Bedeutung.

Giraffenähnliche Hirsche der Miozänzeit entwickelten also nicht
bloß Rosenstöcke, sondern auch schon gelegentlich ganz kleine Stangen
dazu. Es brauchen wieder nicht lauter typische Giraffen gewesen zu
sein, die das damals taten, so wenig die vorhergehende rosenstocklose
Stufe allgemein damals nur Moschustiere umfaßt haben wird. Aber
die Gruppe grade der Giraffen hat uns zäh diese Stufe bewahrt,
nachdem auch sie damals irgendwie dazu gehört haben muß, und so
halten wir uns an sie. Definieren wir kurz, wie der Fortschritt in
dieser ersten und primitivsten Stange sich zu dem früher Geleisteten
stellte. War der Rosenstock als solcher ein zum Oberschädel aus-
gewandertes Ornamentalprodukt, so konnte die Stange zunächst auch
schlechterdings nichts anderes sein, als ein kleiner Fortschritt in diesem
Ornamentalen. Daß ein solcher Fortschritt erneut eintrat — warum
nicht? Die Gründe, weshalb das Ornamentale, einmal gegeben, zu-
nahm und zwar an dieser Stelle sehr glücklich zunehmen konnte, sind
oben erörtert. Auf ein Paar da oben entstandener Knochenwarzen
setzte sich also örtlich anschließend je eine zweite Warze, zunächst wohl
auch geschichtlich mehr weich, nachher aber ebenfalls erhärtend und mehr
oder minder solid mit der Unterlage verschmelzend. Das so entstandene etwas größere Ornamentalgebilde blieb aber zunächst als
Ganzes immer noch konsequent unter dem Fell. Unter diesem Fell
aber blieb es als Ganzes dauernd. Gar kein Anlaß war dem Stangenstück
zu einem andern Schicksal gegeben als dem darunter sitzenden Rosen-
stockstück. Immerhin dagegen blieb wie bei allem Ornamentalen, das wir
bis jetzt verfolgt haben, ein gewisser erotischer Anschluß, und der bewirkte
individuell stets ein gewisses Nacheinander der Dinge in den beiden
Stücken. Nicht nur, daß von früh an beim Männchen durchweg wieder
die ganze Zapfenbildung stärker wurde als beim Weibchen. Sondern in
dem individuellen Leben jedes Einzeltiers liefen die Dinge auch so, daß
zuerst die Rosenstockstellen markiert wurden, dann aber erst mit zunehmen-

der erotischer Energie der Reife das Stangenstück reinlich durch= und
daraufgesetzt wurde. Dabei blieb es aber dann. Von einem Ab=
werfen mit sich wiederholenden Reifeperioden war keine Rede. Wenn
das Ganze fertig war, erschien es unter seinem Fell dauernd fortan
wieder nur wie ein etwas verstärkter Rosenstock, so ähnlich, daß
unsere Betrachtung ja zunächst einfach geneigt sein konnte, es mit
einem solchen noch gleich zu setzen.

Das alles lehrt uns heute noch unsere Giraffe. Aber wie nun ging
von hier die Sache weiter? Was hat aus dieser, sozusagen, Geheim=
Stange, die da bloß erst wie ein Zusatzteilchen des Rosenstocks und
selber noch völlig rosenstockhaft zeitlebens ruhig unter ihrem Fell
blieb, die rätselhaft nackt werdende und periodisch abfallende echte
Hirschstange gemacht?

Rekapitulieren wir zur Sicherheit noch einmal ganz genau. Er=
klärt ist bis hierher historisch aus Vorstufen: daß das Hirschgeweih
einen ornamentalen Zug in sich hat; daß es erotischen Anschluß hat;
daß es aus Rosenstock und Stange besteht; daß der Rosenstock zuerst
und dann die Stange sich bildet; daß auch die Stange zunächst unter
Fell liegt. Erklärt und eventuell ebenfalls stufenweise geschichtlich auf=
gesucht werden sollen dagegen noch die Entblößungen und der perio=
dische Wechsel der Stange, sowie die stärkeren Ausgestaltungen (Ver=
zweigung) dieser Stange.

Der erste weitere Schritt wird eine einfache Konsequenz gewesen
sein. Die Ornamentaltendenz ging noch weiter, trieb zu fernerer Ver=
größerung und Verwickelung des Stangengebildes. Denken wir etwa
an einen Elch, — was der in seinem Kolossalgeweih an Masse, Größe
und ornamentaler Ausgestaltung mehr hat als eine Giraffe in ihren
Zäpfchen. Das alles wollte und sollte aber kommen, wenn auch
ganz langsam, Schritt für Schritt. Man wird sich etwa vorstellen,
daß in einer langen Folge von Generationen individuell immer wieder
eine bildungskräftige Luxusenergie noch über jene Zeit ihres Einzel=
lebens hinaus bestand und weiter wirken konnte, in der bereits auch
das erste giraffengemäße Stangenstückchen vollständig gebildet war.
Da die Bildung dieser Ornamentaldinge offenbar an das Liebesleben
angeschlossen war, sagen wir also: noch über eine gewisse erste Höhe
der Geschlechtsreife.

Bekanntlich ist nach einem gewissen wohl verständlichen Gesetz
die Liebesreife der Tiere durchweg periodisch geregelt, auf gewisse
Brunstzeiten verteilt, in denen zeitweise sich immer einmal wieder die

ganze Geschlechtsluft und Zeugungsreife zusammendrängen, während
sie in mehr oder minder langen Zwischenräumen vollständig pausieren.
Wir Menschen haben davon nur noch schwache Reste; das ist aber
der Ausnahmefall. Die Regel ist eine feste periodische Ordnung in
diesem Sinne. Ihr Zweck zum möglichst konzentrierten Kraftsammeln
bei beiden Geschlechtern ist ja auch ein evidenter. Jahreszeiten, Er=
nährungswechsel in hungrigeren und üppigeren Tagen und anderes
mehr spielen mit hinein. Speziell bei den Säugetieren gibt noch das
mehr oder minder lange Austragen der Liebesprodukte, der Jungen,
durch die Mutter ein stärkstes Argument dafür, der Liebe selbst „ihre
Zeit" zu setzen. Nehmen wir also an, daß die erste ornamentale
Energieleistung am Stirnteil des Schädels bei den beginnenden reinen
Rosenstocktieren, also die Bildung der Rosenstöcke selbst als Ur=Kopf=
zier dort, von Anfang an individuell in der Nähe der ersten Brunst=
perioden gelegen habe, — ursächlich verknüpft wie sie mit dem Liebes=
leben war. So wäre neue Energie frei geworden vielleicht von der
dritten oder vierten Brunstzeit an, und sie hätte allmählich dort zur
Bildung eines neuen Ornamentalfortschritts geführt, diesmal der
kleinen Fellstange der Giraffe. Nachdem es auch dabei lange ge=
blieben wäre (bei unserer Giraffe bleibt es ja heute noch so), hätte
sich bei gewissen entwicklungskräftigen Tieren aber ganz allmählich
ein Energievorrat auch noch nach dieser Zeit, sagen wir in der
fünften oder sechsten Brunstperiode, dem Ornamentaltrieb zur Ver=
fügung gestellt und hätte nochmals auch etwas über diese primitivste
Stange hinausgetrieben, — sei es zunächst auch nur wieder einen
weiteren Längenschuß an ihrer Spitze.

Man wird ja annehmen dürfen, daß alle diese Dinge, nachdem
sie lange Zeit immer wieder in soundso viel Generationen sich unmittel=
bar und im Banne bestimmter innerer Gesetzmäßigkeit ähnlich oder
gleich eingestellt hatten, endlich auch in das Gebiet der Vererbung
gerieten, die sie dann noch ein Teil fester und regelmäßiger machen
und in manchen Punkten regelnd verschieben und umordnen konnte.

Im Sinne gewisser sehr plausibler neuerer Anschauungen unterschei=
det sich ein schon vererbter Vorgang in den Lebewesen wesentlich
von unmittelbar und spontan immer wieder neu erregten Vorgängen
dort durch die geringere äußere Energie, die zu seiner Auslösung
nötig ist. Wo schon etwas vererbt ist, da ist es, als schwinge schon
fort und fort eine Glocke, so daß es nur eines kleinen Anstoßes be=
darf, das Ganze zum Läuten zu bringen, während ohne das immer

die ganze Glocke erſt zu ſolchem Läuten vom Ruhepunkt an in Be=
wegung geſetzt werden muß. Dieſe Möglichkeit erlaubt bei ſchon ver=
erbten Dingen darum aber, auch allerhand Verſchiebungen und Ver=
tauſchungen: ſie können an Stellen geſchoben werden, wo nur ein
halber Anſtoß oder irgend ein Surrogat ſie faßt, die aber doch in dieſem
Falle genügen, ſie herauszulocken, und ſo fort.

Und ſo mag auch in unſerm Falle die Vererbung nach und nach
die Dinge noch feſter geordnet und zum Teil zurückgeſchoben haben,
indem ſie z. B. etwa die Roſenſtockbildung gleich in die frühe Jugend
legte, dann mit den erſten Brunſtperioden oder gar der erſten ſchon
die Stange in ihrer erſten Urform abſchloß und mit der nächſten
oder zweiten dieſer Perioden bereits Raum für die Fortſetzung ſchuf.
Dieſe ordnende Regulierungsarbeit der Vererbung wird man auch in
allem Folgenden ſich immer fortgehend denken müſſen, während ur=
ſprünglich in den geſchichtlich erſt wirklich die Dinge neu produzieren=
den Generationen alles zunächſt viel umſtändlicher, wirrer, langſamer
vor ſich gegangen ſein wird. Doch das wieder nur nebenbei.

Die Hauptſache war jedenfalls: nach einiger Zeit machte das
Ornamentale abermals ſeinen Schuß. Den reiſen Einzeltieren und
beſonders den männlichen wuchs, nachdem ſie Roſenſtock und kleines
Fellſtangenzäpfchen bei ſich abſolviert hatten, dieſes Zäpfchen noch=
mals ein Ende weiter vor. Wahrſcheinlich, indem ſich gleichzeitig
ſchon jetzt vollzog, was, wie geſagt, bei dem Okapi von heute wie dem
alten Samostier von ehemals ſchon beinahe (alſo noch im Giraffen=
bereich ſelber) geſchehen iſt: die ganze Ornamentalenergie konzentrierte
ſich nämlich auf die beiden Hauptzäpfchen der Stirngegend, während
die Drei= oder gar Fünfhörnigkeit in Wegfall kam.

Ehe aber dieſer neue Fortſchritt ſich noch ganz durchgeſetzt hatte,
mußte ſich mit unabänderlicher Folgerichtigkeit bereits eine andere
Konſequenz des ganzen Sachverhalts an dieſer Stelle geltend gemacht
haben. Schon das erſte kleine Stangenſtückchen, das ſich auf den
Roſenſtock geſetzt hatte, mußte nämlich in der Praxis des Lebens in
einen hartnäckigen Konflikt eingetreten ſein mit ſeiner dauernden Fell=
umhüllung. Als exponierter Vorſprung mußte es ſich abzuſcheuern
beginnen — ja, im Verlauf mußte es ſich mehr oder minder durch
Zerreibung, Zerſetzung der Deckhaut ganz entblößen.

Die Urſachen liegen auf der Hand und lagen generationenlang
für jedes Individuum genau immer wieder ſo auf der Hand wie der
Ornamentalzwang ſelber. Wenn das neue Ornament auf der Stirn

gewiß nicht auf die Dauer so bedenklich saß, wie das ältere im Zahn=
bereich, so konnte doch auch ihm ein bestimmtes Schicksal in der Not
und Notdurft des Lebens nicht ganz erspart bleiben. Jeder auffällige
und neue Vorsprung an der Kopffront mußte gewissen Insulten durch
allerhand Stoß und Prall von außen her ausgesetzt sein. Dafür ist
grade der Kopf zu sehr im Vordertreffen des Lebens. Er geht voran
bei jedem Vordringen eines Waldtiers durchs Dickicht, auch wenn sein
Träger gar nicht extrem schweinehaft drängelt, sondern nur eben durch
will. Er wird berührt, wenn das Tier äst, er stößt, wenn das Tier
irgendwie von einem andern bedrängt wird oder ein anderes drängen
will. Man hat wohl gesagt, ein Tier ohne Hörner stoße nicht, und
hat daraus einen Witz zur Widerlegung der alten Ansicht gemacht,
nach der die Ochsen ihre Hörner allmählich entwickelt hätten, weil sie
fort und fort mit der Stirn stießen, bis dort eine Stoßschwiele ent=
stand. Mag diese Ansicht sonst dahingestellt sein: gewiß ist, daß auch
jedes absolut harmlose Tier angepackt oder packend irgendwie mit dem
Kopf schlägt; tun wir Menschen es doch selber. Auch alle Liebes=
balgereien, seien es zärtliche, seien es bösartige, mußten in der gleichen
Richtung wirken. Jeder Insult dieser Art mußte aber bei einem so
zarten und doch vorspringenden Stirngebilde zu Abschürfungen, zu
Hautverletzungen führen. Mindestens gehörte eine ganz aparte Glücks=
lage dazu, wenn es auf die Dauer vermieden werden sollte. Ich
denke, daß gerade unsere Langhalsgiraffe den Ausnahmefall einer
solchen besonderen Begünstigung gebildet hat — eben mit ihrer
Riesenstatur, die über alles sonst gefährliche Buschwerk ragte, mit
ihrem Schlenkerkopf am langen Stil, der kaum je zu Frontstößen,
sondern höchstens seitlichen Schlägen kam. So mag sie also ohne
besondere Not noch heute ihre Fellzäpfchen auch im Stangenteil intakt
bis ins Alter tragen. Aber das mußte nach einfacher Logik doch
schon auf dieser Stufe eine gewisse Ausnahme sein. Mit reinem
kleinem Rosenstock ging's wohl noch allgemein, aber sowie das
Ornamentalprinzip dem die erste kurze Stangenspitze aufsetzte, muß
der Konflikt in der Regel auch gegeben gewesen sein. Kein kleineres,
kurzhalsiges Tier der Giraffengegend konnte ihm dauernd entgehen.
Schon bei dem kurzen, aber spitzen Zapfenpaar des alten Samostiers
hat man völlig den Eindruck, daß sich derartige Spitzenornamente
unabänderlich zuletzt freischeuern mußten.

Nun könnte man ja zunächst denken, dieses Freilegen werde kein
besonderer Schaden gewesen sein. Anfangs, so lange der Knochen sich

noch selber erst bildete, mußte die Haut ja wohl um ihn sein. Aber
wenn er hart war, wozu half sie noch. Je eher, je besser, die lästige
Scheuerei hörte auf und der solide Knochen stand frei zur Luft, an
dem nichts mehr zu verletzen war. Vielleicht denkt einer auch an
ein derbes hartes Kuh= oder Ziegengehörn und meint, dort liege doch
auch die feste Masse gleich zutage ohne jeden Schaden, ja mit dem
Nutzen, daß das Tier auch noch absichtlich kräftig damit stoßen, also
das Ornament als Instrument gebrauchen könne, wenn es not tue.
Aber es muß beim weiteren Nachdenken doch als Frage auftauchen,
wie im Sinne des eben Gesagten auf solchem hautlosen Stangenstück
sich ein weiterer Schub ornamentalen Wachstums vollziehen sollte.
Wenn auch zu seiner Bildung eine Fellhülle nötig war, wie anfangs
doch auch zu dem ersten Stück, so konnte es nicht aus dem nackten
Knochen wachsen, der ihm ja kein Fell, keine Haut mehr bot. Irgend=
wie mußte die Sache anders gelegt werden als durch Obenanlängen.
Aber darüber brauchen wir uns in Wahrheit gar keine Gedanken zu
machen, denn das fellose Stangenstück war, sobald es eben einmal
fellos war, überhaupt zu nichts mehr imstande: es konnte sich selber
nicht mehr halten, geschweige, daß es noch etwas aus sich produzierte.

In der Tat taucht hier eine neue und abermals unabwendbare
Konsequenz auf. Jeder echte Knochen, den man am lebendigen Leibe
nackt macht, seiner Haut entkleidet, an die offene Luft bringt, stirbt
in sich ab. Er wird morsch, wird zum Leichnam. Und als solcher
fällt er endlich an der Anfangsstelle seiner Nacktheit von seiner
lebendigen Fortsetzung einfach ab, er löst sich als Leiche vom Zusammen=
halt mit dem Leben. Diesen Hergang kennt jeder Arzt von patho=
logischen, gewaltsam krankhaften Vorkommnissen im gesamten Bereich
des knochenführenden Lebens. Auch der Stangenknochen könnte dem
nicht entgehen. Nackt gescheuert, müßte auch er sterben und herunterfallen.

Nehmen wir im Sinne des oben Gesagten etwa an, eine der
ersten Brunstperioden im Leben des Einzeltiers habe die erste Stange
gesetzt. Sie wurde hart, allerlei Insulte schlugen die Haut herunter.
Dann starb der entblößte Knochen ab, löste sich an der Grenze der
Entblößung, also etwa am Rosenstockende, und fiel eines Tages
herunter. Die Haut über dem leeren Rosenstock schloß sich wieder. Als
die nächste Brunstperiode mit neuem Ornamentaldrang sich einstellte,
war gar keine Stange mehr da zum Neufortsetzen. Wenn noch etwas
geschehen sollte, so konnte nur wieder eine neue fellumwachsene Erst=
stange gebildet werden, mit der dann das gleiche Spiel noch einmal begann.

Kein Zweifel: hier lag die glatte Konſequenz. Der Fortgang der Ornamentbildung auf der Stufe beſchrieb, wenn nichts anderes dazwiſchen trat, eine ganz kurioſe Linie zwiſchen den Gewalten innerer und äußerer Art, die ihn bedrängten. Zuerſt ſchuf er auch ferner allemal den Roſenſtock; der blieb auch weiterhin hübſch unter Fell, da er zu klein, zu ſehr ſelber noch ſchädelhaft, zu wenig exponiert war, um ſich abzuſcheuern. Dann bildete ſich darauf die erſte kurze Stange im Giraffenſinne; die aber entblößte ſich und ſägte ſich damit gewiſſermaßen ſelber wieder ab. Wollte die Bildung nun noch weiter, ſo konnte ſie nicht im Sinne, wie wir oben erwarteten, die erſte Stange weiter treiben zu einer vermehrten, ſondern ſie mußte wieder von vorne anfangen, überhaupt erſt wieder eine Stange zum zweiten= mal bilden. Und ſo fort. Wir erhalten alſo irgendein Samostier oder ähnliches giraffenhaftes Geſchöpf, das im Laufe ſeines Lebens erſt bloß Roſenſtöcke unter Fell trägt, dann unter Fell auch kleine Stangenſpitzen entwickelt, dann frei geſcheuerte Spitzen ohne Fell zeigt, dann dieſe Spitzen zeitweiſe wieder verliert, dann neue zum Erſatz unter Fell treibt, die wieder ebenſo nackt werden müſſen und vergehen; wenn der Ornamentaltrieb auch mit dieſem zweiten Kreislauf ſeine Energie noch nicht erſchöpft hat, ſo mag ſich im Anſchluß an fernere Brunſtperioden das Spiel ſogar noch einmal oder noch mehrmals wiederholen.

Konſequenz! Aber man legt ſich doch die Frage vor, ob es denn keinen andern Ausweg gegeben hätte als dieſe ſeltſame Spirale. Und zweifellos: es gab noch einen. Ein hautumhüllter Knochen, der äußeren Inſulten ausgeſetzt iſt, kann von ſeiner Haut entblößt werden; aber es iſt auch möglich, daß die Haut auf längere Reihen ſolcher Inſulte, wenn ſie nicht gleich zu wüſt werden, derart reagiert, daß ſie nicht reißt, ſondern ſich an der Oberfläche ſchwielig verdickt.

Solche Schwielenbildung der Epidermis tritt vielfach individuell an regelmäßig ſtrapazierten Stellen auf, ſie hat ſich aber offenbar ſtets auch leicht dauernd bei ganzen Arten durch irgendeine Vererbung durchgeſetzt. Die Haut wird in direkter Schutzanpaſſung hart, ja ſie verhornt ſchließlich oberflächlich geradezu, ſo daß ſie ſich ſelber einen Schild gegen die äußeren Inſulte ſchafft, — und dieſer Deckſchild taucht endlich ſchon vererbt bei den Nachkommen an der betreffenden Stelle auf. Da über die direkte individuelle Entſtehung der Horn= ſchwiele auf Grund des äußeren Reizes in dieſem Falle ſchlechterdings kein Zweifel iſt, hat man (ich erwähnte es ſchon einmal beim Warzen=

schwein) hier besonders gern die Sache so gedeutet, daß die individuell immer wieder erworbene Bildung sich als solche allmählich direkt vererbt habe, womit ein Exempel für die Möglichkeit solcher Vererbung erworbener Eigenschaften (die von Weismann und seinen Anhängern bestritten wird) gegeben wäre. Die Schule Weismanns würde dagegen annehmen müssen, daß stets unter den Einzelvarianten innerhalb der Art auch solche waren, deren Haut an dieser kritischen Stelle schon angeboren stärkere Neigung zeigte, zu verhornen, und daß vom Moment an, da sich diese Sache als nützlich erwies, im Daseinskampfe diese Varianten begünstigt und allmählich rein ausgezüchtet wurden. Man sieht auch hier wieder das bis zum Unwahrscheinlichen Komplizierte der zweiten Annahme, inzwischen ist die Sache aber einstweilen nicht zu entscheiden. Genug nur für unsern Fall: solche schützende Verhornung bedrohter Haut ist möglich (man erinnere sich doch auch, daß alle Säugetiere einst von hornig beschuppten Reptilen abstammten!) und häufig, und irgendwie kann sie jedenfalls auch zu bereits erblicher Anlage am gefährdeten Fleck, also gleich vorsorgendem Schutz, führen. Und in diesem Sinne konnten sich auch die vorspringenden Ornamentspitzchen auf den Stirnen alter Samostiere statt wehrlos abzusterben mit derben kleinen Hornhütchen versehen, die dann allerdings die Gefahr des Knochenverfalls und Knochenabfalls vollkräftig wieder beseitigten.

Ich will gleich dabei sagen, daß der vorhin erhobene Versuchshinweis auf die doch anscheinend freie, hautlose Stirnzier etwa unserer Ochsen in Wahrheit schon hierher fällt: auch dort ist tatsächlich der Knochen nicht mehr nackt, sondern durch eine komplizierte Hornscheide der Haut geschützt. Doch war, um zu diesem vollkommenen Stande der Dinge zu kommen, noch ein nicht unbeträchtlicher Zwischenweg nötig, wie wir sogleich sehen werden.

Solange die Stirnzäpfchen nur so einfach waren, wie etwa bei dem bekannten Samostier, genügte vollkommen ein in jener Weise aufgestülptes hörnernes Spitzenkäppchen auf jedem Zäpfchen. Das Käppchen schützte die bedrohten Spitzen bis zu der Stelle, wo beim voll erwachsenen Tier die ersten kleinen Stangen mit den Rosenstöcken verschmolzen. Die Rosenstöcke selbst blieben unter gewöhnlichem Fell, von da ab aufwärts aber deckte eine oberflächlich hornig verhärtete und in dieser Form unangreifbare Haut den Rest. Nun mochte das Tier soviel anstoßen, wie es wollte, ja es mochte bei Gefahr oder erotischer Drängellust mit dem Ornament sogar absicht-

lich stoßen, so oft und viel es ihm genehm war: ein Verfall der
Ornamentstangen war schlechterdings nicht mehr zu fürchten, es sei
denn, der ganze Knochen splitterte, was aber nie Regel sein konnte,
während mit jenem Absterben des hautlosen Knochens eine sehr eherne
Regel gedroht hätte.

Indessen die Geschichte hatte auch so noch wieder ihren kritischen
Punkt, der zum vollen Erfolg überwunden werden mußte. Wenn
nämlich auch hier ein noch weiteres Wachstum der Stirnornamentierung
sich einstellte — was dann? Ein Samostier (um das Wort als
Rubrik dieser Übergänge beizubehalten) hatte in einer seiner ersten
Brunstperioden nach Absolvierung der Rosenstockbildung glücklich auch
die ersten Stangenspießchen gebildet, wobei, eventuell schon in ge-
festigter Vererbung, die Hüllhaut alsbald auch durch Außenverhornung
die solid schützenden Spitzhütchen darüber gestülpt hatte. Nun aber
trat im Sinne des früher Gesagten bei allen Individuen, die es soweit
gebracht hatten, in noch einer weiteren Brunstperiode (oder auch
mehreren immer wieder) ein fernerer Energieüberschuß auf, der das
Stirnornament in seinem Knochenteil abermals weiterwuchern, zunächst
einmal, sagen wir, mindestens schießend sich anlängen ließ. Dabei
mußte notwendig irgend etwas auch mit den Hornhütchen geschehen.
Fest verhornt wie sie waren, also in sich nicht mehr umbildungsfähig,
mußten sie doch irgendwie dem Fortschritt des Ganzen neu angepaßt
werden. Theoretisch kann man sich hierzu mehrere Wege ausmalen.
Indem sich unter ihnen ein lebhaftes Neuwachstum regte, dem sie ein
zu enges Heim boten, konnten sie zeitweise noch einmal wieder von
innen her gelockert, ja endlich abgeworfen werden. Für ein kurzes
Interregnum erschien dann noch einmal der Urzustand restituiert:
vorübergehend erschien der sich reckende Stangenknochen noch einmal
im weichen Fell. Befreit vom Zwang konnte er sich beliebig aus-
gestalten, wie er wollte. Ehe aber noch in diesem Übergangsstadium
wieder die Insulte der bösen Außenwelt ihn an seiner Hülle schädigen,
ihn nackt machen und so in all seiner eben errungenen neuen Schöne
zum Tode verurteilen konnten, schritt seine neue Spitze zu einer neuen,
von da abwärts schreitenden Verhornung, die binnen kurzem einen
neuen Hornhut, diesmal aber einen den vergrößerten Verhältnissen
entsprechenden, schuf. Sollten mit späteren Brunstperioden noch weitere
Schüsse der Stange nachfolgen, so mußte auch dieses Abwerfen und
Neuersetzen der Hornscheide periodisch immer wieder erfolgen.

Auch noch eine recht komplizierte Sache, gewiß. Aber doch immer noch nicht ſo kompliziert, wie jenes Abſterben und Neubilden der ganzen Ornamentſtange. Allmähliche Vererbung konnte auch dieſen Hergang jedenfalls noch etwas glätten und regeln. Die neue Kappenbildung konnte zum Beiſpiel ſchon an der neu keimenden Stangenſpiße ſich zu bilden beginnen, während die alte Kappe ſich erſt eben zu lockern anhub, ſo daß möglichſt wenig wirklich Gefahrzeit im Sinne möglichen Abſcheuerns dazwiſchen kam. Solche nüßliche „Verfrühung" der Dinge liegt ja immerfort im Arbeitsfeld der Vererbung: Dinge, die ehemals erſt unter vielen Gefahren im Lauf des individuellen Lebens errungen werden mußten, legt ſie weit zurück, oft bis ins noch gar nicht ſelber exponierte Keimleben, wo ſie ſie an gewiſſe feinſte Innen= reize angliedert, die ſie doch ſogleich ſchon auf gewiſſer Stufe einer vorgezeichneten Reihenfolge auslöſen, als ſei der alte grobe Außenreiz wieder gegeben.

Noch weit einfacher freilich wäre eine zweite Löſung. Parallel zu dem Knochenwachstum der Stange längte ſich auch das urſprüng= liche Hornhütchen durch Hornwachstum von der Baſis her an. Es fiel nicht ab, ſondern ſchob ſich nur gleichſam unten nachwachſend weiter vor. Dann blieb das immerhin nicht unbedenkliche Stadium des zeitweiſen Wiederfreiwerdens ganz aus, und zugleich wurde ein Teil überflüſſiger Hornproduktion, wie er doch in dem drüben jedes= mal als wertlos abgeſtoßenen Althütchen ſteckte, beſeitigt, der Geſamt= prozeß verlief ſparſamer zu größerer Sicherheit.

Wenn man die beiden Möglichkeiten gegeneinander abwägt, ſo will mir ſcheinen, ſie hingen zuleßt wieder an einem Umſtand der Ornamentſtange ſelber, der ſchon vorher entſchieden worden ſein mußte: nämlich wo ſich urſprünglich der eigentliche Ausgangspunkt der Schwielen= oder Hornbildung lokaliſiert hatte. Wir haben mit Rückſicht auf das Samostier mit ſeinen Spißzäpfchen bisher immer ſo geredet, als habe die Verhornung natürlich an den wirklichen oberſten Spißen dort anfangen müſſen. Sie waren zum Stoß und Prall am meiſten exponiert und mußten zuerſt geſchüßt werden. Dann erſt ſtieg die weitere Verhornung von da aus abwärts. So ging's lange Zeit immer wieder individuell. Bis die Vererbung die Sache feſtlegte. Sie legte ſie aber natürlich feſt in der gleichen Reihen= folge. Der Reiz zur Hornbildung wurde auf die Spiße lokaliſiert, konnte nur von hier aus wirken. So mußte auch beim Zueng= werden der alten Kappe folgerichtig die neue ſich wieder von der Stangenſpiße aus bilden, — konnte nur von hier ſich bilden. Da=

mit aber war der erste jener beiden Wege als einzige Möglichkeit gegeben.

Inzwischen muß aber die Voraussetzung doch nicht absolut so gewesen sein. Schon bei dem Samostier wie bei dem lebenden Okapi selber schrägen sich die Spitzpflöckchen recht weit nach hinten zu, so daß außer den eigentlichen Spitzen doch auch die ganze vordere Längsseite schon sichtbarlich zum exponierten Reibungsfeld zu werden beginnt. Denkt man sich das noch mehr fortgesetzt, die Spitzen noch weiter zurückgebogen und umgekehrt die Front der Stange etwa in der Basisgegend vorspringend verdickt, so möchte sich wohl denken lassen, der erste Ausgangspunkt der Schwielenbildung habe nicht bei den viel geschützteren Spitzen, sondern an dieser Basisverdickung, die jeden Prall zuerst kriegte, gelegen. Dann hätte sich hier, an der Basis, das bestimmende erste Zentrum der ganzen Verhornung gebildet, und hier, nicht an den Spitzen, hätte die Vererbung es auch später lokalisiert. Dann war folgerichtig auch hier später die richtige Anschlußstelle für nachhelfende Neuverhornung, und das Ergebnis wurde die oben skizzierte zweite, an sich so viel vorteilhaftere Möglichkeit.

Und die Wahrscheinlichkeit, daß irgend etwas derart vorausbestimmend eingewirkt hat, wird in der Tat sehr stark, wenn wir nun sehen, daß in der Praxis wirklich beide Wege zu Anfang parallel eingeschlagen und durchexperimentiert worden sind, — bloß der eine, umständlichere mit geringerem Dauererfolg, der andere dagegen als der eben ersichtlich zweckmäßigere mit dem denkbar glücklichsten Endergebnis.

Die Methode, daß die Hornkappe periodisch abgeworfen wird, macht uns noch heute ein einziges Tier aus der ganzen Riesengruppe der Wiederkäuer vor; wahrscheinlich aber ist sie außerdem für eine ganze vorweltliche Gruppe, die sich aufs engste noch den Giraffen selbst anschließt. Das wunderbare überlebende Tier ist der auch sonst vielfältg durch sein eigenartiges Schicksal berühmt gewordene „Gabelbock" Nordamerikas.

Nordamerika wies bei seiner Entdeckung eine verarmte Fauna. Seine großen Tage, da unzählige Wildpferde, Kamele, Elefanten und anderes stolzes Jagdwild seine Gründe belebt hatten, waren längst endgültig dahin. Nur einige wenige charakteristische große Typen der alten Zeit hatten sich erhalten, diese wenigen aber fühlten sich dafür um so souveräner als Alleinbesitzer eines ungeheuren Erdteils, die eine schier unbegrenzte Individuenzahl auf freiester Weide entwickeln durften.

So der Biſon, von deſſen unfaßbar zahlloſen Herden in der grauen Prärie
die erſten Pioniere in dem neuen Lande nicht genug zu erzählen wußten.
In den gleichen Büffelſteppen aber ſchien ſich den mitkommenden
erſten Naturforſchern als ſehr wichtiger Fall auch noch eine Antilope
zu zeigen, die ebenfalls in vielköpfigen Scharen dieſen weiten Plan
unterhalb des amerikaniſchen Gebirges durchſchweifte. Im aus=
geſprochenen Gegenſatz zu Afrika an der andern Seite des verbindenden
Atlantiſchen Ozeans beſaß Amerika ſowohl in ſeinem Süd= wie in
ſeinem Nordteil faſt gar keine Vertreter des Antilopengeſchlechts. In
dem ganzen Südamerika gibt es keinen einzigen. In Nordamerika
hauſt ein erſt in neuerer Zeit etwas genauer bekannt gewordenes, höchſt
rätſelhaftes Mittelding zwiſchen Antilope und Wildziege, die ſogenannte
Schneeziege, ganz verloren in den wildeſten Bergpartien von Alaska
herunter; dieſer ſpärliche Gaſt kann aber kaum als Charaktertier
amerikaniſcher Landſchaft angenommen werden. Dafür galt das dagegen
in einziger Weiſe für dieſe „Prärieantilope“, die ein gangbarer Name
den Gabelbock oder die Gabelantilope genannt hat. Allenthalben in
den „Wüſten“ des fernen Weſtens ſtieß der Jäger auf ſie, und wenn
ihre flüchtigen Rudel auch lange neben dem eigentlichen Prachtwilde
der gleichen Region, den Biſons, etwas zurücktraten, ſo mußten ſie
doch jedem auffallen, jedem ſich unvergeßbar einprägen wie drüben in
Afrika die Gnus oder Springböcke, zumal ſie keine Konkurrenten in
ihrem engeren Habitus beſaßen. Später, mit dem verhängnisvollen,
kataſtrophenhaft ſchnellen Niedergang der Biſons, ſollten ſie ſogar
noch eine dominierende Rolle als einziges hohes Jagdtier neben dem
Hirſch auf ungeheuren Gebieten erlangen, — bis auch ihnen jetzt die
Stunde ſchlägt, wo nur noch (vielfach ſchon nachhinkende) Schutz=
geſetze auch ihre letzten Rudel retten müſſen; die „Tragödie der
Kultur“, das heißt ſinnloſes Hinſchlachten im Namen einer angeb=
lichen Kultur, hat ja in Nordamerika bis vor kurzem nur roh fort=
zuſetzen gewußt, was die alten natürlichen Tiervernichtungen der
Diluvialzeit in dieſem verödenden Erdteil ſchon vor aller Kultur mit
ſo viel Erfolg begonnen hatten.

Neben den Hirſchen! Eine echte Antilope? So lange man den
Gabelbock wiſſenſchaftlich kennt, hat er nicht aufgehört, die Syſte=
matiker zu ärgern. Die Syſtematik, ſeit ſie exiſtiert, hat ja immer
wieder ihre Momente gehabt, wo ſie zu einer gewiſſen Ruhe zu
kommen gedachte. Ihr Ideal war, eine Art Sieb mit ſo und ſo viel
Löchern aufzuſtellen. Kam ein neu entdecktes Tier, ſo brauchte man

bloß zu rütteln, so fiel es in sein Fach. Das Ideal mußte doch
endlich einmal erfüllt werden. Aber Menschenkunst bleibt Stückwerk,
das erfuhr man auch hier. Immer wieder fielen Geschöpfe ein, die
durch keine Lochbreite wollten. So war es mit dem Moschustier
gewesen, und so ging es auch mit dem Gabelbock. Wer ihn von
fern in seiner grünen Prärie sah, der brauchte kein Fachzoologe zu
sein, um gewiß in ihm etwas zu finden, das nicht reinlich auf den
Hirsch aufging, von dem das gleiche Land ja genug schöne Vergleichs=
exempel bot.

Solcher Gabelbock war für einen echten Hirsch zu bunt. Gewiß
gibt es Hirsche mit förmlich leuchtender Farbe, z. B. den herrlichen
Barasinga, Hirsche mit reichster ornamentaler Fleckung, z. B. den
dafür altberühmten Axis. Aber so wenig man sich einen ganz gestreiften
Hirsch denken mag, so wenig einen von der antilopenhaften Bunt=
heit eines Bläßbocks oder Springbocks. In solche Buntheit mit den
grellsten Farbkontrasten schlägt aber der Gabelbock. Der Körper in
der Flanke horizontal halbiert auf zwei schärfste Kontrastfarben, gelb=
rot oben, schneeweiß unten. Große weiße Bänder um die rötliche
Kehle. Ein scharf umrissener weißer Spiegel hinten rhythmisch har=
monierend mit einem schwarzweißroten Flaggenmuster des Kopfs vorne.
Die Palette, aus der Rotgelb und Weiß dabei gemalt sind, ist jene
Kaffeemischung mit viel oder wenig Milch, die ich früher einmal als
die Charakterfarbe der asiatischen Wildesel bezeichnet habe, an den
sattesten Stellen bis zu dem Goldrot des tibetanischen Kiang dort
erhöht. Also Steppenfarbe, Steppenanpassung. Aber ornamental in
diesem Rahmen durch und durch Antilopenbuntheit, nicht Hirsch, —
mit nur mühsam, möchte man sagen, gebändigtem Prunk. Der
Körperumriß dazu allerdings eine ziemlich grobe Antilope. Unter schaf=
haft dickem Vließ ein relativ plumper, langer, schlecht gerundeter, im
Bauch tief dahinfahrender Leib bei hoch gerecktem Halse, auf dem ein
entschieden unschöner, abnorm großer Kopf sitzt, auch er mit einem
Zug zu Schaf und Lama. Bei den jungen Tieren, die ich lebend
bisher allein in den Gärten gesehen habe, wirkte dieser ungraziöse
Klotzkopf fast wie eine aufgesetzte Maske. Aber schließlich gibt's auch
häßliche Antilopen, zumal auch grade in der Steppe. Die russische
Saiga hat einen noch unvorteilhafteren Kopf, der tibetanische Tschiru
einen noch dickeren Wollpelz. Die Schafähnlichkeit (auf die auch
wieder die mit dem Lama läuft) besagt bei der außerordentlichen
Biegsamkeit des Antilopentypus in alle nächst verwandten Gruppen

(zu denen doch auch die Schafe gehören) hinein nicht viel. In ge=
wiſſem Sinne könnte man behaupten, dieſe Prärieantilope von jen=
ſeits des großen Waſſers ſtehe zu ihren afrikaniſchen Genoſſen nur
etwa wie das ſo viel grotesfere Renntier zu unſern Rothirſchen.

Aber wer ſo geraden Weges auf die echte Antilope wollte, dem
kam phyſiognomiſch doch das Gehörn des Tieres in die Quere. Der
erwachſene Gabelbock führte ein ganz flottes Gehörn. Im Prinzip
ein paar große, ſeitlich etwas platt gedrückte Gemskrickeln. Die Gemſe
iſt eine echte Antilope, alſo das paßte. Aber an dieſen Krickeln ſaß
vorne je eine tüchtige Sproſſe, als ſei doch auch wieder ein Reh=
geweih damit kombiniert; hinten deutete ſich eine zweite Sproſſe
wenigſtens eben an. Keine Antilope ſonſt aber hat je ein zu Sproſſen
verzweigtes Gehörn gezeigt. Es gibt dort die kühnſten Schrauben,
gibt Gemsbogen wie die Säbel, Leyern, Knickhörner und Büffel=
biegungen, aber nie eine Sproßteilung. Dagegen iſt das, wie bekannt,
grade das auffälligſte Charakteriſtikum der meiſten Hirſchgeweihe. In
der Regel pflegt ein Hirſchgeweih freilich wieder nicht mit der oberſten
Stangenſpitze hinterwärts krumm umzubiegen wie ein Gemskrickel.
Indeſſen wird man beim emſigen Durchſuchen einer größeren Geweih=
ſammlung unſerer Muſeen auch dazu noch eine Analogie finden: der
chineſiſche Zwergmuntjak, z. B., der übrigens auch nur eine einzige Sproſſe
an der Stange zu führen pflegt, biegt an dem Fleck faſt genau ſo ſtark
ſtark hinterwärts ein.

Das ſchien alſo doch einen Hirſchzug zu geben: eine wildſchaf=
hafte Plumpantilope mit einem Hirſchgeweih. Inzwiſchen legten aber
die Anatomen ihre Hand näher auf das Ding da oben und ſtellten
ſofort feſt, daß die vermeintliche Geweihſtange ſamt Spitzhaken und
Sproſſen nicht im Hirſchſinne nackter Knochen, ſondern zunächſt auch
eine verhornte Schale, Hülſe oder Kappe ſei, unter der im geſchützten
Innern erſt der wahre Stirnzierknochen als derber Zapfen ſaß. Und
das ſah alſo nach gangbarer Syſtematik doch wieder nach Gemskrickeln,
alſo mehr Antilopengehörn aus; ganz gewiß war's dem Bau nach
kein Hirſchgeweih, auf deſſen Stange bekanntlich nie eine Hornhülle
als Schutzkappe ſitzt, ſondern allemal anfangs nur weiches Fell und,
nachdem das abgeſcheuert iſt, gar nichts, worauf die Stange zu ihrer
Wechſelzeit ſtirbt und abfällt.

Nach dieſer Erkenntnis galt der Gabelbock tatſächlich lange als
Antilope, wenn ſchon als eine etwas kurioſe. Die Wunder ließen
aber nicht Ruhe. Mitte der ſechziger Jahre des vorigen Jahrhunderts

wurde vom Londoner Zoologischen Garten die Parole ausgegeben, der Gabelbock werfe periodisch, das ist: alljährlich einmal, troß allem und allem sein Gehörn ab wie ein Hirsch und ersehe es darauf ent=sprechend wieder wie ein Hirsch. Das mußte nun als der Gipfel systematischen Durcheinanders erscheinen. Die Tatsache war indessen richtig, mußte freilich richtig verstanden werden. Was der Gabelbock alljährlich abwirft und ersezt, sind nämlich lediglich die verhornten Kappen oder Hülsen seiner knöchernen Hauptzier, nicht aber die Knochen selbst. Alljährlich zur rechten Zeit bildet sich auf diesen Knochenzapfen unter der Hornhülse eine neue weiche Fellhaut, durch deren Haarwuchs und Drängeln die Hülse gelockert, vorgeschoben und endlich, bei schon beginnender Neuverhornung des Fells an der Zapfenspite, ganz heruntergestoßen wird, worauf nach und nach die ganze junge Fellhaut auf ihrem Knochen oberflächlich neu verhornt, also die Hülle ersezt. Verfolgt man eine Reihe solcher Verlust= und Ersahperioden, so merkt man deutlich, daß auch hier das Wachstum und die allmähliche Vollendung des Zapfenknochens an diese Perioden angeschlossen ist: in den Übergangszeiten, da der Knochen wieder Neufell bildet, wächst er sich zugleich selber stufenweise weiter aus, und die neu geschaffene Hornkappe entspricht dann ja diesem Zuwachs des Zapfens in erweitertem Umfange. In diesem Sinne wird also das gleiche erreicht, wie beim Hirsch: ein periodisch ungestörtes Wachs=tum der ganzen Stirnzier, — bloß die Methode ist doch wesentlich verschieden, indem nicht die Knochenstange selbst periodisch abgestoßen und ganz neu gebildet wird, sondern bloß die Schuthülse, unter deren Schuh im übrigen der Knochen als solcher zeitlebens ruhig dauern und für sich wachsen kann; wird der Schuhdeckel über solchem Wachs=tum zu klein, so fällt nur er ab und wird in verbessertem Maßstabe ersezt — und darin eben besteht hier der „Wechsel“. Dort der Kopf, — hier nur die Kappe. Dort das Ganze, hier nur die Schuh=vorrichtung.

Was war nun der Gabelbock? Er war im gangbaren syste=matischen Sieb keine Antilope, denn die hatten zwar alle die gleiche hörnerne Schuhkappe, aber von keiner bisher war bekannt, daß sie in dieser seltsamen und gewaltsamen Komplizierung der Dinge ihre Kappe periodisch ganz erneuere. Er war aber auch kein Hirsch, denn kein Hirsch hatte eine solche Hornkappe, keiner konnte also an sie grade anknüpfen bei dem sonst ja vorhandenen periodischen Wechsel in seiner Stirnzier. Die Not schuf aus dem einzigen amerikanischen

Geſchöpf alſo eine ganze Sondergruppe der wiederkäuenden Paarhufer
neben Hirſch wie Antilope. Ich denke aber, es iſt nach dem früher Er=
zählten keinen Moment zweifelhaft, was der Gabelbock wirklich darſtellt.

Er demonſtriert uns noch heute am lebenden Objekt eben jene eine
Möglichkeit von damals, — jene eine Löſung am Scheidewege der
Schuhkappenbildung über der wachſenden Stange. In den Knochen=
zapfen des Gabelbocks ſtecken, mit ihren Roſenſtöcken eng verwachſen,
die Stangen. Um nicht durch Scheuerung entblößt und ſo zum Ab=
ſterben verurteilt zu werden, haben dieſe Stangen durch Verhornung
ihrer oberſten Fellhaut ſich Schuhkapſeln geſchaffen. Um aber, dauernd
lebensfähig wie ſie ſo geſchützt geblieben ſind, zu ihrer Zeit periodiſch
noch weiter wachſen zu können, haben ſie den Weg gewählt (bildlich:
gewählt; in Wahrheit hat einfacher Zwang ihrer engeren Bildungs=
geſetze etwa im oben angedeuteten Sinne ſie für ihren Fall gezwungen),
periodiſch die Schuhkapſel doch immer noch einmal zeitweiſe zu lüften,
abzuſtreifen und entſprechend verbeſſert zu erneuern. Wir haben den
Weg oben als logiſche Denkbarkeit der Löſung eines Problems, das
die Entwickelung hier bot, bezeichnet. Der Gabelbock in ſeiner Prärie
beweiſt, daß auch die Sache wirklich praktiſch verſucht worden iſt und
daß ſich mit ihr leben ließ; ſonſt exiſtierte er ja nicht bis heute fort
und ſogar (wenigſtens bis zur leidigen Ära des Schießgewehrs) an
ſeinem Fleck überaus flott.

Dabei lehrt unſer Gabelbock aber noch ein anderes intereſſantes
Ding von Allgemeinwert auf ſeiner Stufe. Er lehrt bereits, daß
der Ornamentaltrieb in der Stange über einfaches Längenwachstum
hinausgehen konnte zu komplizierteren Fortſetzungen. Die Stirnzier
des Gabelbocks, rein als Ganzſtück jetzt einmal auf ihr Ornament
hin angeſehen, zeigt ausgewachſen nicht mehr bloß einen einfachen
verlängerten Stangenſpieß, ſondern ſie hat an der Spitze eine gems=
hafte Krickelbiegung und an den Seiten eine doppelte, wenigſtens in
einem Fall ſchon glänzend ausgeformte Sproſſenbildung, eben das,
was dem Ganzen die Gabelnatur und Rehähnlichkeit gibt.

Zwei Prinzipien tauchen hier ſchon im Stil des Ornaments
auf, von denen das eine, das Krickelprinzip, erſichtlich der Ausgangs=
ſtil all der hundert Biegungsmuſter bei Antilopen, Ziegen, Schafen
und ſo fort iſt, bis zu ſolchen Biegungswundern wie etwa der Dreh=
welle im Gehörn eines alten Kudu, — während das andere, die Sproſſe,
ebenſo deutlich das ſchon markiert, womit der Hirſch rein ornamental
ſeine höchſten Triumphe geſeiert hat.

Zum Prinzip der Sproß= oder Zinkenbildung mag dabei erinnert ſein, daß urſprünglich (wie der Protozeras und unſere Giraffe noch zeigen) mehrere obere Schädelzierden vorhanden geweſen ſein mögen im Gegenſatz bloß zu dem einen Paar auf den Stirnbeinen; als dieſes eine Paar dann mehr und mehr die ganze Bildungsenergie für ſich nahm, ließe ſich leicht denken, daß an ihm ſelber jetzt dieſe Energie ſich wenigſtens in mehreren Spitzen, die gleichſam die alten Parallelwurzeln in mehreren Köpfen einer Hauptwurzel verausgabten, ausgelebt habe. Die einfache Mannigfaltigkeitstendenz des Ornamentalprinzips ſelber kann aber auch ſchon zur Veräſtelung genügt haben. Man denke bloß an die oft abgebildeten ornamentalen Kieſelſkelette der Radio=larien, wo die ſchönſten Hirſchgeweihe mit ſoundſo viel Enden ſchon im Kleinen rein im rhythmiſchen Ornamentalzwang aufs vollkommenſte „vorgeahnt" ſind.

In ſeinem Einzelfalle freilich gewahren wir bei dem Gabelbock noch einen kleinen Schachzug, der ihm eigentümlich iſt, ohne ſonſt noch einmal grade ſo wiederzukehren. Nicht nur die Krickelſpitze, ſondern auch die Sproſſenbildung wird nämlich hier faſt ganz in die Hornſcheide ſelbſt aufgenommen; der Stangenknochen zeigt auch aus=gewachſen unter der großen Vorderſproſſe nur eine minimale Er=hebung, ſo daß in dieſem Punkte die Hornkappe weſentlich der Träger der ganzen ornamentalen Weiterbildung (abgeſehen vom reinen Längen= oder Dickenwachstum) wird und bleibt, nicht aber die Stange ſelbſt. Durchführen hätte ſich ja die Sache auch ſo laſſen. Es ſcheint aber, daß ſchon in den alten tertiären Tagen, da alle Experimente an dieſer Stelle zuerſt zum Austrag kamen, grade auf dieſer Stufe des Kappen=Abwerfens auch ſchon ruhig die andere Methode daneben verſucht worden iſt: die komplizierte Sproſſung und Verzweigung durchaus dem Geweihknochen ſelbſt anzugliedern im Sinne des echten Hirſchgeweihes, unbeſchadet, daß dieſer Knochen hier noch nicht ab=geworfen, ſondern ebenfalls durch eine periodiſch erneuerte, ſeinem eigenen Sproſſenwachstum zweiterhand immer wieder neu angepaßte Hornkappe geſchützt wurde. Hier wird nämlich eine höchſt merkwürdige Gruppe ausgeſtorbener Tiere wichtig, die ſich in der Methode ihrer Gehörn=oder Geweihbildung (diesmal bleibt das Wort tatſächlich etwas flüſſig) unbedingt irgendwie an den lebenden Gabelbock anſchließen.

Der unmittelbare geſchichtliche Vorfahrenanſchluß dieſes Gabel=bocks ſelbſt iſt zurzeit allerdings noch nicht klar aufgehellt. Außerhalb Nordamerikas iſt noch nie ein Foſſilreſt vom Gabelbock aufgefunden worden,

was nicht nur für amerikanische Entstehung, sondern auch für ein
eigenartig zähes Dauerverhältnis zur Neuen Welt spricht. Die ame=
rikanischen Paläontologen haben sich bemüht, einen ganz isolierten
Stammbaum für ihn zu konstruieren, der direkt bei noch ungefähr
dichobunidischen Kleintieren von Kaninchengröße und ohne jede Stirn=
zier im älteren Tertiär beginnen (Hypisodus) und im Obertertiär
über schon äußerst hirschähnliche, schafgroße Formen laufen soll, die
es bereits bis zu mehrfach vergabelten, recht stattlichen Stangen
brachten, — Stangen, über deren ganze Knochenvergabelung fort
schon die echte, jährlich abzuwerfende Hornkapsel des Gabelbocks sich
geschmiegt haben soll (Merykodus oder Kosoryx). Eine zwischen diesen
beiden Stufen auch hier zweifellos nötige Vermittlung mit erst be=
ginnender Stirnzapfenbildung im Sinne des Protozeras oder der
Giraffen ist dabei bisher nicht beschrieben worden, falls man nicht
den wunderbaren Protozeras selber hierher ziehen will. Prinzipiell
wäre gegen solchen Separatstammbaum nicht viel einzuwenden, immer=
hin aber erscheinen mir die verwerteten Funde noch viel zu viel=
deutig, als daß ich die Akten schon für geschlossen nehmen könnte.

Wie es aber damit sei: allen besten Indizien nach hat ein zweites
großes Experimentalfeld für diese Methode der abwerfbaren Geweih=
kapsel im letzten Drittel der Tertiärzeit in der Alten Welt und zwar
wesentlich, scheint es, in Asien gelegen, wobei es sich um gewaltige
Geschöpfe handelt, die diesmal entschieden den Giraffen selbst noch
näher standen.

In den sogenannten Sivalikhügeln am Südfuß des Himalaja
wurde in der Mitte des vorigen Jahrhunderts eine (mehrfach schon
in diesem Buche erwähnte) große Tierkatakombe der Tertiärzeit ent=
deckt, die eine Fülle bedeutsamer Aufschlüsse gewährt und den eng=
lischen Museen das pompöseste Material geliefert hat. Die Mehr=
zahl dieser Tierreste gehört schon ins letzte Tertiärdrittel, also die
Pliozänzeit, und es läßt sich daraus eine ziemlich gut geschlossene
„Sivaliktierwelt“ konstruieren, die weiteren Resten nach zu ihren
Tagen durch ungeheure Gebiete des asiatischen Kontinents bis fern
nach China und andererseits bis an die Grenzen von Südosteuropa
verbreitet gewesen sein muß. Zu diesen Sivaliktieren gehörten nun
neben echten Giraffen auch gewisse Kolossalgestalten doppelhufiger und
in wesentlichen Zügen ihres Knochenbaues entschieden giraffenähnlicher
Geschöpfe, die man unmittelbar die Sivatherien genannt hat. Das
Wort geht zuletzt immer auf den indischen Götternamen Siva oder

Schiwa zurück, der eine besonders grausliche mythologische Gestalt
markiert. Und unheimliche Tiere waren es schon, wenn auch weniger
durch angreiferische Gefahr, als eben durch ein gewisses einseitiges
Extrem ornamentaler Stirnziergestaltung bei gradezu elefantenhafter
Gesamtgröße. Der Schädel der typischen Art Sivatherium, die nach
den Funden vom Himalaja bis nach Adrianopel vorkam, ist über=
halbmeterlang, und einen solchen Kopf trug der Riese über eindrei=
viertel Meter langen Beinen. Die Füße waren richtige Giraffenfüße
ohne Afterklauen, der Hals aber, der den schwersten Kopf zu tragen
hatte, ging nicht aus den Maßen etwa eines Elchhirschs, und mit
solchem Elch muß das Ungetüm wohl auch äußerlich die meiste Ähn=
lichkeit gehabt haben. Gleichwohl war es aber im Kopfschmuck so
wenig ein echter Hirsch wie eine ganze echte Giraffe.

Von der Giraffe hatte es noch eine Neigung zu zwei Paaren
knöcherner Stirnverzierungen. Das vorderste Paar bildete auch bloß
zwei kurze Zapfen von ganz giraffenhaftem Typus. Ein weit da=
hinter an den äußersten Ecken der Stirnbeine ragendes zweites Paar
repräsentierte dagegen in harter Knochenmasse je ein wirklich beinah
elchhaftes Schaufelgebilde, vergleichbar gewissen geweihähnlichen tro=
pischen Farrnblättern, das sich oben mit einem gewissen Schwung in
drei Zinken veräftelte.

Vielerlei kam hier offenbar noch und schon zusammen. Mehrere
Zierknochenpaare bei doch schon beginnender Verzinkung des größten.
Die Verzinkung zweifellos diesmal auch schon tief einschneidend am
Stangenknochen selbst. Gleichwohl aber keine Andeutung, daß dieser
Stangenknochen bereits echt hirschhaft von seinem Rosenstock periodisch abge=
worfen würde. Aufs engste in den erhaltenen Exemplaren mit diesem
Rosenstock zu einem Gebilde verschmolzen, macht dieser Knochen vielmehr
völlig den Eindruck eines Dauergebildes, das nur wuchs, aber niemals
abfiel. Dann aber kann es in dieser schon elchhaft verschaufelten und ver=
zinkten Riesengestalt unmöglich bloß in leicht scheuerbarem weichem Fell
gesteckt haben, sondern es muß eine Hornkapsel getragen haben. Und
zwar haben die besten Beurteiler sich nach ausgiebigster Prüfung der
Sachlage immer wieder dahin geeinigt, es müsse eine wechselnde Horn=
kapsel gewesen sein, die periodisch mit dem Wachstum der Schaufel abfiel,
— also mit einfachstem Wort: die ebenfalls auf der Stufe und
Methode des Gabelbocks verharrte. Im Sivatherium und den ver=
wandten Bramatherium und Hydaspitherium hat also hier auch alt=
weltlich eine sehr intensive, von Kolossaltypen der Zeit dargestellte

10*

Vertretung einst bestanden. Inzwischen treten aber gewichtige Paläonto=
logenstimmen dafür ein, daß auch diese riesigen Sivatherien (gleich den
Kamelen) damals schon aus Amerika nach Asien herübergewanderte
Typen gewesen seien, deren Ahnenschaft drüben etwa bei dem aben=
teuerlichen Protozeras anknüpfte. Gegen irgendwie protozerashafte
Grundformen würden also schließlich echte Giraffen, Okapis und Samo=
therien, Sivatherien und Gabelböcke konvergieren, was durchaus unserm
Gedankengang der „durchgeprobten Möglichkeiten" bis hierher auch
historisch entspräche, — im Sinne, daß ein reines Rosenstockter über=
all gleichsam die Basis bildete, von der das weitere Experimentieren
zu Stange, Fellstange, Nacktstange, wechselnder Hornscheide, Sproß=
bildung je nach Sonderart seinen Ausgang nahm.

Die Methode der abwerfbaren Hornkappe war aber, wie gesagt,
nicht die einzig mögliche, auch wenn überhaupt ein Hornschutz bevor=
zugt werden sollte. Wir haben wiederholt oben von der Antilope
gesprochen. Ihr Gegensatz zum Gabelbock in Hinsicht der Stirnzier
wurde so definiert, daß die Antilope zwar auch ihre Stirnzapfen
unter einer schützenden Hornkappe trage, daß sie aber beim Wachstum
dieser Knochenzapfen nicht die Hornkappe jedesmal ganz abstreife und
erneuere. In der Tat reguliert solche Antilope durchweg auch ihr
Kappenwachstum in der Form reinlicher Ausnutzung und Anpassung
ohne Gewaltakt, — sie vertritt eben in prägnanter Weise die mehr
oder minder durchgesetzte und vervollkommnete zweite Methode, die
oben skizziert ist. Ähnliche paarhufige und wiederkäuende Geschöpfe
mit einer im ganzen dem echten Hirsch ungefähr gleichwertigen
Organisationshöhe sind ebenfalls schon in der mittleren Tertiärzeit
aufgetreten. Im letzten Drittel des Tertiär, in der Pliozänzeit, haben
sie dann in beständig wachsendem Maße besonders die alte Welt be=
völkert. Das Wort „Antilope" bezeichnet dabei nur eine Unterrubrik.
Zu dieser immer formenreicher bis heute blühenden Gesellschaft ge=
hört in Wahrheit alles, was im Zoologischen Garten hergebracht
in diesem Worte vereinigt wird, von den riesigen Nilgais und Elen=
antilopen bis zum zierlichsten Zwerge des Geschlechts, vom pracht=
vollen Kudu bis zum grotesken Gnu, von der steppenwohnenden
Saiga bis zur Gemse; aber es gehört aufs engste dort anschließend
ebenso dazu das ganze Volk der Ziegen, der Schafe und der Rinder,
— die wilden wie die zahmen, die schönen Wildschafe Sardiniens
wie die des Altai oder der Felsengebirge, der aussterbende Alpensteinbock
wie die wunderbare Schraubenziege des Himalaya, der polare Moschus=

ochse wie die gewaltigen Bisons, Wisente und Ure, die treffliche Saanen=
ziege wie die Heidschnucke, der zahme Büffel wie das Braunvieh der
Alpenmatte oder das herrliche podolische Steppenrind. Unabsehbar
die Formenfülle dieses Tiervolks, unerschöpflich die Märchen seines
Werdens und Vergehens, spannend über alle Maßen die Geschichte
seiner Beziehungen zur menschlichen Kultur. Eine überaus glückliche
Anpassungskraft muß hier gewaltet haben, und es ist kein Zweifel,
daß sie neben anderem auch der zweifellos äußerst praktischen Lösung
des Stirnzierproblems verdankt wurde. Wie immer diese Formen
sich sonst unter tausend Bedingungen, Variantentreffern und Luxus=
würfen auswuchsen: immer hielten sie wesentlich fest an der periodisch
mitwachsenden Hornkappe dieser ihrer Zier. Im eigentlichen Sinne
zum „Gehörn" wurde das alte Stirngebilde; „Hornträger" mußte
der generelle Name für diese ganze Gesellschaft folgerichtig lauten
oder auch „Hohlhörner", Kavikornier. In Wahrheit blieb ja in der
Hornkappe fest umschlossen und geschützt der alte Knochenzapfen, in
dem nach wie vor, wenn auch durchweg innigst verschmolzen, ganz im
alten Giraffensinne der Rosenstock und die Stange (anatomisch hier
als sogenanntes os cornu bezeichnet) steckten.

Weit sollte im ferneren auch hier noch der Fortschrittsweg des
Ornamentalen sein. Doch brachte die Sonderart des dauernden,
wenn auch mitwachsenden Kapselverschlusses da gewisse Sonderheiten
mit sich, die ebenso zäh in alle Folge blieben.

Auf der einen Seite führte die so starke, mit nichts von außen mehr
ernstlich zu bedrohende Verpanzerung des Ornaments zu gewissen Ein=
mischungen des Nützlichkeits=, des Verteidigungsprinzips. Nicht, daß
dieses Prinzip etwa Ursache fand, das Ornament nachträglich wieder zu
beschneiden. Im Gegenteil: es reklamierte es auf gewisser Höhe für
sich, grade weil es so glücklich sich gelegt und gefestigt hatte. Man
denke an das Gehörn als Stoßwaffe des Stiers. Aus diesem Wechsel=
spiel der Nützlichkeitszüchtung und des reinen ornamentalen Luxus=
prinzips ergab sich dann im einzelnen die amüsanteste und bunteste
Fortschrittshandlung.

Auf der andern Seite aber bezeigten diese „Herrn vom
krummen Horne" (wie man sie in Rücksicht auf das früher vom Ansatz
des Hornwachstums gesagte wohl mit Goethes Faust nennen könnte) in
ihrer Ornamentbildung selbst eine entschiedene Resignation nach einer
Seite, — nämlich sie verzichteten mit absoluter Entschiedenheit auf
jene Richtung zur geweihhaften Sprossen=, Schaufel= und Kronen=

bildung, auf das ganze Prinzip vielgeſtaltiger Verzweigung, die jene
Vertreter der abwerfbaren Kapſel wenigſtens bis zu gewiſſem Grade
doch ſchon durchprobiert hatten. Offenbar lag dieſer Verzicht in ge=
wiſſen Organiſationsgründen, die eben aus dem Prinzip der dauernd
geſchloſſenen Kapſel reſultierten. Es wog aber reichlich den kleinen
Verluſt auf, daß dieſe Methode der Geſchloſſenheit ſonſt offenbar ſo
reichliche Vorteile über die andere bot, daß tatſächlich heute nur noch
ein einziger Kapſelwerfer im Gabelbock überlebt, während die Erde
allerorten noch zittert unter dem Tritt unzähliger Gattungen und
Arten der Kapſelbewahrer in unfaßbarer Individuenzahl. Ein Ge=
mälde dieſes Reichtums beſonders in ſeinen geographiſchen und
kulturellen Beziehungen zu geben gehört zu den Aufgaben des nächſten
Teils dieſes „Tierbuchs“.

Inzwiſchen kehrt unſere Betrachtung aber noch einmal zu dem
Punkt zurück, wo die ganze Linie dieſer Hornkapſeler überhaupt ablenkte.

Es gab eine Methode, das Dilemma des Knochenſcheuerns und
Knochenſterbens bei dem Stangenknochen der Stirnzier einfach zu
umgehen, ſagte ich, — und ſie war die Umkapſelung dieſer Stange
mit einem Hornſchutz. Es gab ſie. Aber die Tatſache beſteht, daß
die Zwangsexperimente der Natur nicht bloß dieſen Weg eingeſchlagen
haben.

Eine ebenſo feſt in ſich fortan zuſammenhaltende
Gruppe paarhufiger und wiederkäuender Geſchöpfe von der
Organiſationshöhe des Hirſchs hat in der Miozänzeit kon=
ſequent doch die andere Linie gewählt und bis heute nicht
mehr verlaſſen.

Der Roſenſtock war an der Wegkreuzungsſtelle, von der wir
ſprachen, gegeben; er blieb im Fell und änderte ſich nicht mehr, es
ſei denn, daß er je nachdem etwas größer oder kleiner auswuchs, der
wachſenden Schwere der Stange entſprechend ſich etwas verſchob oder
ſonſt kleine Schwankungen durchmachte, wie ſie der Baſis eines kom=
pliziert fortſchreitenden Aufſatzgebildes zukamen; doch blieb das durch=
aus nebenſächlich. Auf dem Roſenſtock aber ſaß die Stange, erſt noch
als kleiner Spieß etwa, doch ideell ſchon mit weitgehender fernerer
Wachstumsmöglichkeit in reiner Größe wie ornamentaler Aus=
geſtaltung; letztere z. B. im Sinne von Sproſſung, Vergabelung,
Schaufel= und Kronenbildung. Ein Wachstum, das individuell etwa
periodiſch an die Brunſtzeiten angeſchloſſen ſein mochte nach dem
früher Betonten.

Aber nun die kritische Situation.

Gleich nach dem ersten Auftauchen der ersten Stange zur ersten Brunstzeit (oder ursprünglich wenigstens einer der ersten Zeiten dieser Art) wurde diese Erststange schon abgescheuert, starb ab und fiel wieder herunter. Und wenn zur nächsten Brunstperiode wieder Energie für Ornamentales disponibel wurde, die sonst die vorhandene Stange ornamental weitergebaut hätte, so mußte diese Energie zunächst erst die einfache Stange als solche wiederherstellen. Mit der begann dann das gleiche Spiel, und so weiter.

Zweifellos: dieser Weg war ein komplizierter. Die Lösung mit der Hornkapsel erscheint im Moment weit rationeller. Auch hatte er etwas Retardierendes in sich, das (infolge der ewig nötigen Wiederherstellungen) die Energie aufzupulvern schien, die sonst für den weiteren Ausbau des Ornamentalen in der Stange fällig gewesen wäre. Indessen nehmen wir einmal an, es wären damals, in der Miozänzeit, Tiere doch eben diesen Weg gegangen. Es ist klar, daß wir eine Tiergruppe erhielten, die wahrscheinlich lange Generationen hindurch es nicht weiter brachte, als daß ihre Vertreter einzeln (eventuell bloß die Männchen, im Sinne des früher Gesagten) nach Bildung des dauernden Rosenstocks weiter von Brunst zu Brunst immer wieder gleichartige vergängliche Stangenspieße trieben, die wieder abfielen und wieder durch neue ersetzt wurden. Der Prozeß selber mochte ja, indem er irgendwie schon in das Machtbereich der Vererbung trat, allmählich immer glatter geregelt werden. Das unvermeidliche gewaltsame Abscheuern des Spießfells durch allerhand äußerliche Zufälle mochte dadurch gemildert werden, daß gleichsam von innen schon etwas zum unvermeidlichen Termin entgegen kam. Sobald der neue Spieß im Fell fertig war, mochte die Vererbung (mit ihren früher besprochenen Möglichkeiten umgeschalteter, vereinfacht angeschlossener Reize) dem Fell selber eine Tendenz mitgeben, auf irgendeinen ersten Surrogatreiz hin von innen her schon einzutrocknen, nachgiebig und brüchig zu werden. Der Spießträger mochte dann durch den unmittelbaren individuellen Juckreiz dieses Hauttrocknens oder auch durch einen hier schon angegliederten ebenfalls vererbten Instinkt bewogen werden, der natürlichen Abscheuerung nachzuhelfen, indem er den Spieß an irgendwelchen Gegenständen absichtlich scheuerte und so rascher von der doch nun einmal wertlosen Fetzenhaut reinfegte. Ähnlich mochte der Ablösungsprozeß des entwerteten Spießes durch innere Ordnung der Dinge möglichst aus dem Zufallsspiel mehr und mehr herausgerückt werden. Und immer schärfer mochten die Zeitpunkte all dieser periodischen Folgeprozesse fixiert und reinlich aneinander gegliedert werden. Das ursprüngliche Spiel ähnlicher Zufälle wurde durch die Vererbungsnachhilfe ein glatter, von innen schon prädestinierter, nur noch geringer Reizaus= lösungen bedürftiger Automatenbetrieb, wie wir das immer wieder in der Welt des Lebendigen sich herausbilden sehen, sobald eine Sache an sich Dauer hat. Das alles änderte aber nichts daran, daß die Ornamentalenergie zunächst selber nicht darüber hinauskam, monoton immer nur wieder Spieße und abermals Spieße zu ergänzen.

Indessen wir denken noch einmal an die Kapselseite. Die Horn= kapsel dort war gewiß anfangs nur eine kleine Schutzhilfe. Aber allmählich wuchs aus ihr doch selber ein riesengroßes Organ, das (wir sahen es schon beim Gabelbock) sogar für sich Spielplatz starker Ornamentalenergien werden konnte. Wieviel Mehr=Energie muß diese ganze Kapsel überhaupt an diesem Fleck allmählich gekostet haben! Und doch fand sich trotz dieser Unkosten für den Schutzdeckel offenbar noch Kasse genug vor, die Ornamentalgestaltung trotzdem stufenweise weiter zu treiben, z. B. bis in die Prachtspirale eines alten Kudu oder eines alten Schraubenziegenbocks hinein. Man empfindet, wieviel Energie doch im ganzen da disponibel war. Und so will es mir keine übertriebene Forderung scheinen, daß mit der Zeit unter jenen ewigen Spieß=Wiederholern eben auch die eine oder andere besonders kräftige Generationenfolge aufgetaucht wäre, die es doch noch indivi= duell immer wieder durchgesetzt hätte, bei irgendeinem Neuansetzen des Spießes auf der Höhe ihrer Kraft auch noch ein Ornament= stückchen mehr wieder durchzusetzen, — also dem neu gebildeten Spieß plötzlich noch eine zweite Spitze, eine Nebenzacke, anzufügen. Und nach und nach könnte wohl auch das wieder die Vererbung er= faßt, geregelt und endlich generell durchgesetzt haben. Etwa der zweite oder dritte Spieß hätte bei allen Vertretern dieser kräftigen Linie fortan seine Sprosse gezeigt, und dieser Sprossenspieß, diese Gabel wäre dann für das weitere Aufsetzen des betreffenden Individuums Norm geblieben. Alle Tiere dieser Familie hätten also nur noch als junger Kerl einmal ein oder zwei Brunstperioden lang sich als „Spießer“ bewährt, während sie auf reifer Höhe nur Gabeln trieben und er= setzten.

Nun aber wollen wir uns denken, daß noch wieder ein Enkel= volk dieser Gabler überhaupt immer größer, immer stattlicher an Wuchs

wie Energiefeuer würde, genährt durch besonders günstige Orte und
Zeiten. Nun so mag seine stolze Vollkraft noch mehr wett gemacht
haben. Trotz des großen Kraftaufwandes, den das immer erneute
Ersetzen zur Erhaltung des einfachen status quo forderte, mögen diese
reichen Besitzer gar zwei und mehr Sprossen dem Adelsschilde ihres
Hauptes hinzu errungen, hinzu gezwungen haben. Das Ornamental=
prinzip ordnete sie rhythmisch an der Stange an, ließ sie bald ein=
zeln, bald paarig sich stellen, bald zu Schaufeln und Kronen
verschmelzen. Immer länger dehnte sich beim Einzeltier die Kette der
Brunstperioden nach dem ersten Spieß, in der dieser Erwerb allmäh=
lich im Sinne der Vererbungsgesetze erst Stück für Stück ausgezahlt
wurde, bis endlich auf der Höhe der edelsten Mannesreife alles da
oben beisammen prangte, was unendliche Energiesummen der Ahnen in
das Volk dieser Geweihträger geprägt, also daß es dem Enkel jetzt
schon auf geringe Reize hin wie spielend in den Schoß fiel.

Ich weiß nicht, ob ich noch ein Wort hinzuzufügen habe: — daß mit
diesen letzten Bildern die Frage endgültig gelöst ist, die zu Anfang
dieses Buches gestellt wurde. Was hier scheinbar theoretisch gezeichnet
wurde, ist auch ferner in allersicherster Realität — unser Hirsch.

Noch heute beginnt dieser Hirsch mit dem Spieß und setzt, ewig
zerstörend, aber auch ewig erneuend, von Jahr zu Jahr sein Stück
ornamentalen Neu=, wie Ausbaues zu, bis endlich das vollendete
Prachtgeweih, der Traum und Stolz seines Jägers, ragt. Zum Über=
fluß aber leben noch heute neben diesem Erben edelster Hirscharisto=
kratie auch (in der so oft bewiesenen Zähigkeit der Natur, auch alte
Stufen nicht gleich eingehen zu lassen) lebend auf der Erde die sicht=
barsten Vertreter der einfacheren Übergangsstufen selbst. Unser Reh schon
zeigt ein unvergleichlich schlichteres Geweih mit wenigen Sprossen.
Der erwähnte kleine Muntjakhirsch in Südasien geht schon bis auf
eine Sprosse an der Hauptstange zurück. In den sogenannten Spieß=
hirschen Südamerikas wird ganz so monoton, wie es unser theoretisches
Bild gab, zeitlebens von Brunstperiode zu Brunstperiode nur immer
erst das gleiche Spießergeweih wiederholt. In diesen einfachsten und
zweifellos ältesten Hirschen manifestiert sich auch noch einmal schatten=
haft etwas, was uns früher so lange beschäftigt hat: die oberen Eck=
zähne des Männchens wahren noch eine leichte ornamentale Hauer=
größe. Mit der Ausgestaltung des Geweihes in mehrere Zinken hin=
ein fällt das dann endgültig dahin. Man ahnt, wie auch von hier
noch wieder freigewordene Energie zuletzt oben einfloß.

Immer prächtiger, immer verwickelter wird dann dieses Geweih.
Alle Sorten kühnster Ornamentvarianten macht es durch, — bis zu
jener des heute grade aussterbenden chinesischen Davidshirschs, wo die
Augensprosse mehr verzweigt erscheint als die Hauptstange. Noch in
vorweltlichen Tagen kommen die kolossalsten wie die sprossenreichsten
Geweihextreme: von dem tertiären Sedgwickhirsch, dessen Gabelfülle
keine sonst bekannte Hirschzier übertrifft, bis zu dem fast unglaublich
kolossalen Schaufeln des diluvialen Riesenhirschs. Unter den lebenden
Formen sieht man eher schon wieder auf einen gewissen Abstieg, als
habe zuletzt doch wieder die Nützlichkeit gebremst, vor dem Zuviel
abgelenkt.

Das Programm dieses Bandes ist erfüllt. Es sollte wesentlich
vom Rätsel des Hirschs in der Geschichte seines Geweihes handeln.
Die für sich noch wieder ungemein interessante geographische Ver=
breitung der Hirsche von heute, in die sich ihre engeren artlichen
Charakterbilder einfügen, bleibt einem besonderen Kapitel im vierten
Bande dieses „Tierbuchs" vorbehalten.

Mochte der unendlich mühsame Hergang, der individuell das
ganze Kunstgebilde ewig sich bauen ließ, um sich selber wieder zu zer=
stören, auf der einen Seite ein Hemmnis sein: gewiß ist, daß er auf
der andern dem Hirsch ein freies Ausleben des rhythmisch gestaltenden
Ornamentalprinzips gestattet hat, das im Tierbereich fast einzig dasteht.
Man muß, streng genommen, bis zu den einzelligen Radiolarien hinunter=
steigen, um solche Vollendung wiederzufinden. Unter den enger ver=
gleichbaren Säugetieren ist es jedenfalls etwas schlechterdings Unüber=
troffenes. Und man muß bis zum — Menschen steigen, um (vielleicht!)
einer Äußerung schaffenden Formendrangs zu begegnen, die (mit
veränderten Projektionsmitteln der äußeren Gestaltung) auch dieses
Motiv des vielseitig verästelten Ornaments noch wieder auf eine er=
höhte Stufe rückt in der Schöpferarbeit der Kunst . . .

In jener Höhle von Altamira in Nordspanien, deren Decke von
prähistorischen Menschen der ausklingenden Diluvialzeit mit Tierbildern
bemalt worden ist, sieht man (es ist erwähnt) das prachtvolle Umriß=
bild eines schreienden Rothirschs. In ganzer Schöne tritt sein Ge=
weih hervor.

Die Hand jenes prähistorischen Zeichners hat es indessen schon leicht,
doch erkennbar weiter stilisiert. Sie hat das Ornamentale darin in
gewissen Zügen noch vereinfacht zugleich und übertrieben.

Die rhythmisch=ornamentale Linie, aufblitzend im Gehirn eines

Menschen, seine Hand, die eine reine Naturbeobachtung wiedergeben
sollte, dirigierend in noch ornamentaler stilisierte Formen hinein!

Vielleicht ist das ein größerer, tieferer und bemerkenswerterer
Moment, wo der Mensch in seinem innersten Leben auf diesem Planeten sich berührt mit dem dunkeln Wirken der Natur in solchem
Hirsch, als jener alltägliche, wo er ihm die Kugel nachsendet, die den
Träger jenes geheimnisvollen Naturkunstwerks zerstört. Wenigstens
sollte der Jäger, wenn er seiner Überzeugung nach zerstören muß,
in ernster Stunde auch an das edle Weidwerk jener höheren Erkenntnis denken.

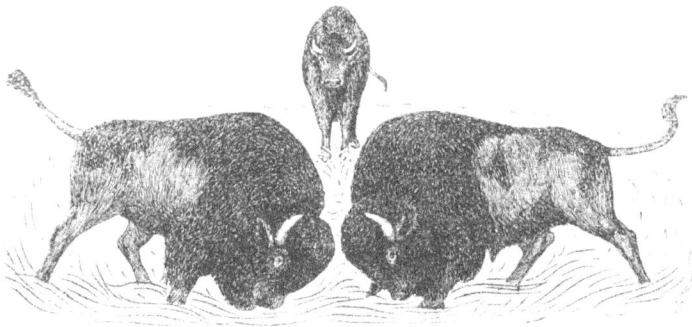

Im gleichen Verlage ist früher erschienen:

Wilhelm Bölsche

Tierbuch Band 1 (Das Säugetier und seine Entstehung)

324 Seiten gr. 8°, mit 21 Vignetten u. 10 Vollbildern
Preis broschiert M. 2.50, gebunden in Leinen M. 3.50

Tierbuch Band 2: Das Pferd und seine Geschichte

144 Seiten gr. 8°, mit 2 Vignetten und 1 Vollbild
Preis broschiert M. 1.50, gebunden in Leinen M. 2.50

Von Sonnen und Sonnenstäubchen

21.—25. Tausend: Ungekürzte billige Volksausgabe
432 Seiten gr. 8°. Broschiert M. 2.50, geb. M. 3.50

Was ist die Natur?

140 Seiten 8°, mit Buchschmuck von Marie Gey-Heinze
Preis broschiert M. 1.50, gebunden in Leinen M. 2.50

Ernst Haeckel. Ein Lebensbild

23.—32. Tausend: Ungekürzte billige Volksausgabe
224 Seiten 8°, mit einem Porträt Ernst Haeckels
Preis broschiert M. 1.— gebunden in Leinen M. 2.—

Druck von Hesse & Becker in Leipzig